미적분, 놀라운 일상의 공식

$y = f(x)$

$\int_a^b f(x)dx = S$

$F = ma = m\dfrac{d^2x}{dt^2}$

$\sum_{k=1}^{n} a_k = a_1 + a_2 + a_3 + \cdots + a_n$

$\dfrac{d^2x}{dt^2} = \dfrac{F}{m}$

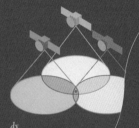

$\dfrac{dy}{dx}$

미적분

놀라운 일상의 공식

구라모토 다카후미 지음
김소영 옮김

인생에
꼭 한 번은
이해해야 할
수학적 사고법

미적분은
어떻게 세상을
움직이는가?

$F'(x) = f(x)$

"미적분으로 복잡한 세상을 이해하고 미래를 예측한다"
공부와 업무에 바로 써먹는 미적분의 눈으로 사물을 보는 법

미디어숲

Prologue

고등학교 수학에서 실질적으로 많은 사람에게 가장 도움이 되는 분야는 무엇일까? 아마도 '미분과 적분'일 것이다(이하 미적분).

그 이유는 바로, 미적분을 알면 숫자에서 얻을 수 있는 정보가 배로 늘어나기 때문이다.

좋아하고 싫어하는 걸 떠나서 현대인과 숫자는 떼려야 뗄 수 없는 관계다. 돈, 수익률, 고객 수, 고객 단가, 지속률, 평균 시간, 회전율, 가동률, 불량률…. 이렇게 온갖 숫자들에 둘러싸여 살고 있으니 말이다.

미적분을 배우면 단순히 숫자로만 보이는 것들에서 더 다양한 정보를 끌어낼 수 있다. 뛰어난 인재는 하나를 알면 열을 안다고들 하는데, 미적분을 알면 숫자에서 얻을 수 있는 정보가 배로 늘어나니 명석해 보이는 건 당연한 거 아닐까?

하지만 고등학교 미적분을 모른다고 해서 실망할 필요는 없다. 미적분의 본질은 고등학교에서 배우는 복잡하고 괴이한 것이 아니니까.

이 책의 Chapter 1에 자세한 내용을 적었지만, 여러분이 지금까지 숫자를 분석하면서 별생각 없이 썼던 방법 중에 미적분 사고법이 분명 들어가 있었을 것이다.

그렇다. 차분이나 누적, 많이 써 보았을 것이다. 그것을 수학적으로 체계화시킨 것이 바로 미적분이다.

우리 주변의 숫자에는 미적분이 가득하지만, 그 힘은 이공학 분야에서 가장 많이 발휘된다. 차가 달리고, 비행기가 날고, 빌딩을 세우고, 스마트폰으로 통화를 하고, 로봇이 우리의 일손을 덜어 주는 것도 모두 미적분의 힘 없이는 이루어낼 수 없다.

그중에서도 현대 사회에 빠질 수 없는 것이 바로 컴퓨터다. 이 세상에서 생물 빼고 유일하게 '사고'라는 것을 할 수 있는 컴퓨터는 사회 구석구석에서 활약하고 있다. 개인용 컴퓨터는 물론이고 스마트폰이나 차 안, 냉장고, 청소기, 세탁기 같은 가전제품들 안에서까지 열심히 일하고 있다.

다시 말해 컴퓨터는 우리 주변에서 우리의 생활을 도와주는 친구나 마찬가지인 존재다. 이렇게 가까운 친구가 어떤 사고 회로를 가지고 있는지 궁금하지 않은가? 우리가 직장에서 동료나 상사, 부하의 마음을 헤아리는 것처럼 말이다.

이 컴퓨터의 사고 회로가 바로 수학이다. 수학, 그리고 그 핵심이 되는 미적분을 공부하면 컴퓨터의 '마음'을 헤아리는 데 도움이 된다.

나는 현재 반도체 엔지니어로 근무하고 있다. 보통 이런 수학 서적은 수학 선생님이나 교육자가 쓴다고 생각하겠지만, 필자는 그런 사람은 아니다.

단지 수학 없이는 결코 해낼 수 없는 일을 하고 있을 뿐이다. 삼각함수, 지수, 대수, 행렬, 복소수 그리고 미적분을 활용해서 반도체 소자의 특성을 수식으로 나타내는 '모델링'이라는 업무가 내 전문 분야다.

그렇기 때문에 학문의 관점에서가 아닌, '실용적인 관점'에서 보는 수학을 논할 수 있는 것이다. 세상에는 수학 전문가들이 쓴 수학을 위한 수학책은 아주 많지만, 일반인들에게는 의외로 나와 같은 사람이 써먹는 수학이 필요하지 않을까 생각했다.

딸이 최근에 고등학교에 올라가면서 수학이나 물리를 가르치는 일이 부쩍 많아졌다. 그러다가 생각해 봤는데, 수학이 난해한 이유는 추상적이라서 그런 것이 아닐까 하는 생각이 들었다.

딸이 '이 문제 모르겠어'라며 갖고 온 문제에 숫자를 대입하거나 그래프 또는 그림을 그려서 구체적으로 나타냈을 때 제일 이해를 잘한다는 사실을 깨달았다.

아마 고등학교에 진학한 학생들 중에는 아무리 수학을 싫어한다 해도 '1+2'를 계산하지 못하는 학생은 없을 것이다. 하지만 '$x+2x$'를 모르는 학생은 있을 수도 있다. 거기에 '$f(x)+2f(x)$'가 나오면 어느 정도 수학을 할 줄 아는 학생이라도 멈칫할 수 있다. 계산의 본질은 똑같은데도 말이다.

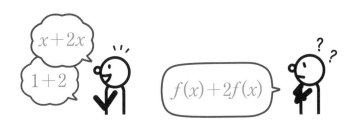

이는 문자나 기호로 '추상화'를 한 것이 오히려 이해하는 데 큰 방해를 한다는 것으로밖에 설명할 수가 없다. 물론 수학은 추상화 덕분에 발전했다. 따라서 결국에는 추상적인 것을 이해할 줄 알아야 한다는 것이다.

하지만 특히 수학을 처음 배우는 사람은 그 추상화라는 장벽을 넘지 못해서 공부를 시작하기도 전에 손을 놓아버리는 경우가 많다.

그래서 이 책은 '구체적으로 표현하는 것', 이 하나를 철저히 중심에 두고 쓰였다. x나 $f(x)$, $\frac{dy}{dx}$나 $\int$ 등, 추상화한 문자나 기호를 꼭 써야만 할 때는 자세하고 구체적인 설명을 덧붙였다.

그리고 수식은 너무 추상적이라 보기도 싫다는 사람들도 있으니 Chapter 2까지는 수식을 전혀 사용하지 않았다. 특히 수식을 싫어하는 사람들도 미적분을 받아들일 수 있도록 아주 쉽게 설명했다고 자부한다.

자, 그럼 미적분의 세계로 들어가 보자. 미적분의 사고법을 익히게 되면 숫자를 다루는 능력이 올라갈뿐더러 여러분의 호기심을 만족시키며 컴퓨터의 마음도 귀퉁이 정도는 이해할 수 있을 것이다.

그런데 바로 미적분의 본질에 다가가 보자고 얘기하고 싶지만, 아주 조금만 더 프롤로그에 시간을 할애해 주길 바란다. 여러분의 스타일에 맞춰 이 책을 어떻게 사용해야 할지 안내를 해야 하니 말이다.

이 책을 읽는 법

이 책의 구성을 설명하자면 기본적으로 앞쪽이 쉽고, 뒤쪽으로 갈수록 어려운 내용으로 구성되어 있다. 막히는 부분이 있어도 그때까지 쌓은 지식이면 충분히 이해할 수 있도록 생각해서 배치했다. 읽어서 이해한 만큼 얻는 것이 있을 테니 안심하고 진도를 나가길 바란다.

또한 '미분은 기울기를 구하는 것'처럼 중요한 부분은 아주 질릴 정도로 여러 번 반복해서 나온다. 이해를 한 사람들에게는 집요하게 느껴지겠지만, 초보자들에게는 도움이 될 거라고 자신한다.

이 책은 총 7개의 Chapter로 구성되어 있으며 각각의 목표는 다음과 같다.

Chapter 1 미적분으로 생기는 관점
➡ 돈 관리나 자동차 등, 우리 주변에서 미적분이 쓰이는 실제 사례를 소개한다.

Chapter 2 미적분이란 무엇인가?

➡ 초등학교에서 배우는 거리, 속력, 시간의 관계로 미적분의 뜻을 설명한다. 이 부분을 이해하면 미적분이 무엇인지는 알게 될 것이다.

Chapter 3 왜 수식을 사용할까?

➡ 미적분이 무엇인지 이해했다는 전제하에, 여기서는 미적분을 수식으로 표현하는 이유에 대해 설명한다. 수식을 쓰면 좋은 이유를 이해할 수 있을 것이다.

Chapter 4 수학의 세계 속 미적분

➡ 고등학교 미적분의 전체적인 그림을 그려보았다. 여기서는 전체적인 모습만 확인하고 '이유'에 대해서는 설명하지 않았다. 우선 미적분의 '숲'을 내려다보는 것에 집중하길 바란다.

Chapter 5 무한의 힘으로 미적분은 완벽해진다

➡ 앞에서 설명했던 미적분의 전체 그림이 어떻게 이루어질 수 있는지, 그 수학적인 배경을 설명한다. 최대한 알기 쉽게 설명했지만, Chapter 4까지만 이해해도 미적분 계산을 할 수 있을 테니 이해가 가지 않더라고 신경 쓸 필요는 없다.

Chapter 6 미분방정식으로 미래 예측하기

➡ 미래를 예측하는 미분방정식에 대해 수학적으로 파고들어 설명한다. 이 책에서는 꽤 어려운 축에 속한다.

Chapter 7 또 다른 미적분 이야기

➡ 지수함수나 삼각 함수의 미적분, 적분의 기술 등 미적분의 전체 그림을 그리는 데는 불필요하지만, 미적분을 학습할 때는 중요한 항목들을 한데 모았다.

이 책은 세 타입의 독자를 예상하며 썼다. 본인이 어디에 속하는지 확인하고 이 책을 어떻게 읽으면 좋을지 확인해 보길 바란다.

---

① 미적분이 뭔지 전혀 모르고, 미적분이 뭔지 알고 싶어서 이 책을 편 사람

② 수학 수업을 더 잘 이해하고자 예습·복습·교과서 참고 교재로 접한 학생

③ 수학 애호가로 더 깊이 있게 이해하고자 하는 사람, 또는 수학을 알기 쉽게 설명하고자 이 책을 접한 교사나 강사

---

① 미적분이 뭔지 전혀 모르고, 미적분이 뭔지 알고 싶어서 이 책을 편 사람

여러분은 어쩌면 수식과 친하지 않을 수도 있다. 하지만 안심해도 된다. Chapter 1과 2에서는 수식을 쓰지 않고 설명했다. 이 부분만 읽어도 미적분이 어떤 사고법인지, 미적분이 세상에 어떤 식으로 도움이 되는지 알 수 있을 것이다.

여기서 멈추지 않고 Chapter 3에도 도전해 보면 완벽하다. 여기까지 이해했다면 수식을 쓰지 않아도 미적분을 이해했다고 말할 수 있다.

물론 흥미가 생겼다면 Chapter 4부터 수식을 사용한 미적분에도 도전해 보길 바란다. 깊은 수학의 세계가 펼쳐져 있으니 말이다.

'변화'나 '누적'을 보는 것이 미적분적 사고법이라는 것, '거속시'(거리·속력·시간)의 관계 속에 미적분의 본질이 있다는 것, 수식은 다들 기피하지만 도움이 된다는 것을 이해하기. 이 책에서는 이 세 가지를 목표점으로 삼겠다.

'우리도 평소에 미적분 사고법을 사용하고 있잖아?' 이런 생각이 들면 미적분도 아주 가깝게 느껴질 것이다. 수식투성이에 암호처럼 복잡한 미적분만 미적분이 아니다.

② 수학 수업을 더 잘 이해하고자 예습·복습·교과서 참고 교재로 접한 학생

여러분은 아마 어떤 함수를 미분하라고 하면 그 문제를 풀 수는 있을 것이다. 그리고 넓이를 구하라는 적분 문제가 있으면 계산도 할 수 있을 것이다. 그런데 그 계산에 어떤 의미가 담겨 있는지 알지 못한 채 찝찝한 마음으로 풀고 있을지도 모르겠다.

그런 사람들은 Chapter 1과 2를 가볍게 읽은 후에 Chapter 3을 꼼꼼히 읽어 보길 바란다. 여기서는 수식이 존재하는 의미를 설명하고 있다. 이 부분을 이해하면 함수란 어떤 것인지, 왜 수식처럼 귀찮아 보이는 게 존재하는지 이해할 수 있을 것이다.

그리고 Chapter 4가 하이라이트다. '미적분의 구조'를 이해하면 지금까지 뿔뿔이 흩어져 있던 미분이나 적분의 관계가 단숨에 하나로 맞추어져 머리에 들어올 것을 약속한다.

Chapter 5와 6은 살짝 어려울지도 모르겠지만, 이 부분을 이해하면 극한이나 미분방정식 등 미적분의 핵심이 되는 부분에 다가갈 수 있다. 또한 Chapter 7은 미적분의 구조를 나타낸다는 이 책의 중심에서 벗어나지만, 이공학도의 길을 가는 사람들에게는 특히 필요한 항목이다.

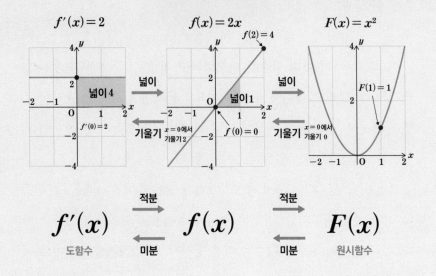

③ 수학 애호가로 더 깊이 있게 이해하고자 하는 사람, 또는 수학을
알기 쉽게 설명하고자 이 책을 접한 교사나 강사

앞에서 얘기한 것처럼 나는 수학을 사용하는 엔지니어이지 수학 전
문가는 아니다. 그래서 수학적으로는 꼼꼼하지 않거나 난잡한 부분이
눈에 들어올 수도 있다. 하지만 이러한 수학적 관점도 있구나 하는 마
음으로 즐겁게 읽어주었으면 한다.

수학이 어려운 이유는 추상성이 높기 때문이라고 생각한다. 그래서
이 책에서는 철저하게 '구체적으로 나타내기'를 지켰다. 만약 미적분을

16

구체적으로 나타내는 다른 방법을 아는 사람은 나에게도 꼭 알려주었으면 한다.

또한 수학 교육에 종사하는 사람들에게 꼭 해주고 싶은 말이 있다. 미적분이 어렵게 느껴지는 이유 중 하나는 배우는 순서에 있다고 생각한다. 교과서로는 극한→미분→적분 순으로 진도를 나가는데, 이렇게 하면 난해한 미분의 정의에 막혀 한창 씨름을 하던 학생들이 결국 배움의 의욕을 잃게 되는 건 아닐까?

그래서 이 책에서는 미적분의 역할을 처음부터 정해버렸다. 적분이란 '넓이를 구하는 것', 미분이란 '기울기를 구하는 것'으로 말이다. 이 지식을 바탕에 깔아 놓은 다음 계산 방법을 해설하고, 마지막에 미적분의 정의를 설명하여 아예 반대 순서를 취했다.

개인적으로는 초보자들에게 가장 이해가 잘 되는 방법이 아닐까 생각한다.

차례

Chapter 3   왜 수식을 사용할까?

Chapter 4   수학의 세계 속 미적분

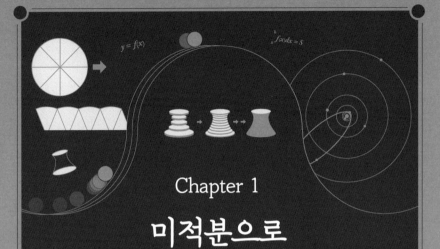

Chapter 1

미적분으로
생기는 관점

우리는 미분과 적분을 공부하기에 앞서 대체 그것이 무엇인지, 우리에게 어떤 도움을 주는지를 먼저 알아야 한다. 그래서 미분이나 적분 사고법을 수식이 없어도 이해할 수 있는 사례를 먼저 소개하려고 한다.

미분이나 적분 사고법은 수학을 해석하는 한 가지 수단이다. 이미 세상 곳곳에서 널리 쓰이기 때문에 눈치채지 못했을 뿐이지 이미 여러분도 자연스레 쓰고 있을 가능성이 크다. Chapter 1을 읽으면 미분이나 적분의 관점이 숫자를 분석하는 데 도움이 된다는 사실을 알 수 있을 것이다.

'우와 이게 미적분 사고법이었어?'
이런 말이 불쑥 튀어나온다면, 이 장의 목적은 달성한 것이다.

미적분으로 보는 바이러스 감염

아래 표는 어느 지역에서 바이러스에 감염된 사람들의 수를 날짜 순서대로 나타낸 것이다.

2월 1일	2월 2일	2월 3일	2월 4일	2월 5일	2월 6일	2월 7일	2월 8일	2월 9일	2월 10일	2월 11일
120명	140명	160명	240명	200명	180명	240명	280명	330명	240명	150명

이 표를 보고 무엇을 알 수 있을까? 신규 감염자 수가 늘고 있다? 늘었다 줄기를 반복한다?

하지만 사실 '뭐가 어떻게 되는 건지 잘 모르겠는데…'라고 느끼는 사람이 대부분일 것이다. 그럴 때는 이런 숫자 데이터를 그래프로 그려 보면 감이 잘 잡히는 경우가 많다.

그래서 막대그래프를 준비했다.

이렇게 그래프로 그려 보면, 아까는 숫자의 나열일 뿐이었던 감염자 수를 이해하기 쉬워진다. 변화가 눈에 잘 보이는 것이다.

예를 들어 이 그래프에서 2월 4일, 7일 그리고 10일의 신규 감염자 수는 똑같이 240명이지만, 그 숫자의 뜻은 다르게 보일 것이다.

신규 감염자 수

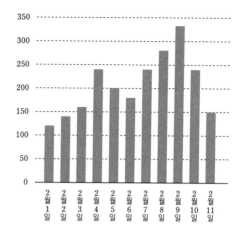

4일은 최고치로 보이고, 7일은 증가하는 과정으로 보인다. 그리고 10일은 감소하는 과정에 있다. 이처럼 같은 240명이라도 나타내는 의미가 달라진다.

신규 감염자 수

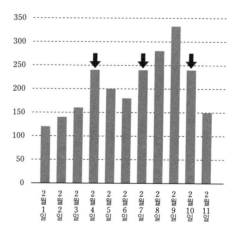

23

이 변화는 240명이라는 숫자만으로는 보이지 않는다. 주변 숫자의 변화를 주시하며 같이 봤을 때 비로소 알 수 있는 것이다. 사실 이것이 바로 '미분적 사고법'이다.

미분적 사고법에 대해 조금 더 자세히 설명하겠다. 다음 그림을 보자. 이번에는 신규 감염자 수가 전날보다 늘었는지 줄었는지를 비교한 그래프다. 예를 들어 2월 3일과 4일을 비교하면 신규 감염자 수가 80명 늘었으니 2월 4일은 +80명, 2월 4일과 5일을 비교하면 신규 감염자 수가 40명 줄었으니 -40명이라는 방법으로 그래프를 그렸다.

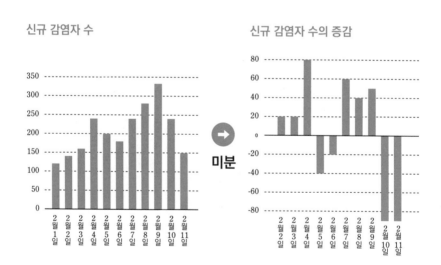

이처럼 신규 감염자 수의 그래프로 증감 그래프를 만드는 것이 '미분'이다. 미분이란 그 증감에 주안점을 두는 것이라고 바꿔 말해도 좋다.

'미분 같은 거 하나도 모르겠어'라는 사람들도 이 그래프를 보면 전후의 변화에 주목하게 될 것이다. 애초에 그래프로 그린다는 것 자체가 미적분의 관점을 뒷받침하기 위해서 존재한다고 생각할 수도 있다.

이 신규 감염자 수는 처음에는 그냥 숫자로만 표에 나타냈다. 그런데 숫자보다는 막대그래프로 나타냈을 때 훨씬 더 잘 보인다고 느껴졌다. 그 이유는 전후의 데이터와의 크기 차이를 시각적으로 비교할 수 있기 때문이다.

그래서 그래프 자체가 미분적 사고법 향상에 도움이 된다고 할 수 있는 것이다. 미분에 대한 이미지가 잡혔는가?

다음으로 '적분적 사고법'이다. 미분은 변화에 주목했지만, 적분은 합에 주목한다.

감염자 수 이야기를 이어가 보자면, 1일부터 11일까지의 신규 감염자 수를 모두 합하면 이 기간 내에 새로 감염된 사람의 수가 2,280명이라는 사실을 알 수 있다.

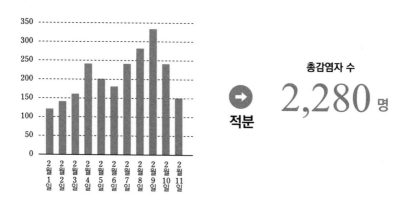

신규 감염자 수

총감염자 수

2,280 명

적분

 이 신규 감염자 수에서 총감염자 수인 숫자 '2,280명'을 계산하는 것이 바로 '적분'이다.

 감염자 수를 따질 때는 총감염자 수(누적 수)를 계산해 보는 것이 중요하다는 것은 말할 필요도 없다. 누적 수에 따라 판단이 달라지기 때문이다. 그 중요한 숫자를 산출하는 것이 적분인 것이다.

 누적 수의 중요성을 조금 더 설명하겠다. 예를 들어 다음 두 개의 그래프를 보자. 첫 번째 그래프는 매일 신규 감염자 수가 똑같이 늘고 있고, 두 번째 그래프는 확 늘었다가 확 줄어들었다. 얼핏 보기에 그래프 A와 B는 아예 다른 것처럼 보인다. 하지만 사실 이 A와 B는 모두 총 감염자 수가 2,200명으로 완전히 똑같다.

 이처럼 그래프로 보면 아예 다르게 보이는 A와 B가 '총감염자 수 2,200명'이라는 같은 지표로 묶을 수 있게 된다는 뜻이다.

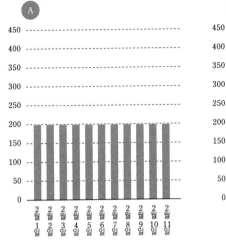

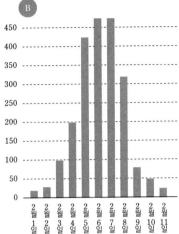

　여러분이 행정이나 의료 담당자라면, 이 2,200명이 인구 중 어느 정도의 비율인지 계산해서 집단 면역 획득 상황을 추정할 수 있을 것이다.

　이 신규 감염자 수처럼, 숫자를 바라볼 때 어느 하루의 신규 감염자 수밖에 보지 않는 사람과 미적분 사고법을 아는 사람, 그러니까 변화나 누적 수까지 포함해서 분석하는 사람은 같은 숫자에서 얻을 수 있는 정보가 달라진다는 사실을 알 수 있을 것이다.

　같은 양의 데이터(숫자)를 보고 하나를 얻을지, 열을 얻을지는 숫자를 분석하는 기술을 얼마나 갖고 있느냐에 달렸다. 그중에서도 미적분이 하는 역할은 크다.

자동차 안에서 쓰이는 미적분

평소에 우리가 별생각 없이 사용하는 도구나 기계 안에도 수많은 미적분이 존재한다. 우리가 자주 타는 자동차 안에서는 미적분이 어떻게 쓰일까?

요즘에는 자동 브레이크를 장착한 차가 늘어났다. 다른 차나 사물에 부딪힐 것 같은 순간에 자동으로 브레이크를 걸어 주는 기능인데, 있으면 마음이 아주 든든하다.

자동 브레이크를 걸 때 검출하는 시스템으로는 '밀리파 레이더'가 많이 쓰인다. 이 레이더는 밀리파라 불리는 펄스 상태의 전파를 밖으로 내보내서 사물에 부딪히고 돌아오기까지 걸리는 시간을 보고 거리를 측정해 준다.

전파의 속도는 빛의 속도와 똑같으며 일정하다. 그렇기 때문에 전파를 내보내서 앞에 있는 차에 부딪혀 돌아오기까지 걸리는 시간을 측정하면 앞의 차와의 거리를 알 수 있는 것이다.

전파라고 하면 왠지 어렵게 느껴지는데, 요점은 공을 던져서 돌아올 때까지 걸리는 시간을 보고 거리를 측정한다고 생각하면 된다. 원리는

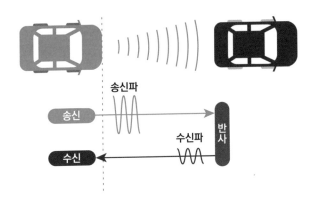

송신파

송신

수신파

반사

수신

똑같다.

예컨대 다음 그림처럼 초속 20m로 공을 던졌는데, 벽에 부딪혀 돌아올 때까지 5초가 걸렸다고 가정해 보자(속도는 일정하다). 그러면 벽까지의 거리는 50m라는 결론이 나온다. 이것과 같은 원리다.

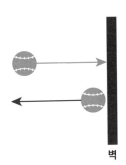

초속 20m인 공이 부딪혀 돌아올 때까지 5초가 걸린다
(속도는 일정)

$$20m/초 \times 5초 \div 2(왕복) = 50m$$

벽

그런데 여기서 의문이 하나 생긴다. 이 방법을 써서 100m 앞에 다른 차가 있다는 사실을 알았다고 생각해 보자. 그리고 자신의 차는 고속

도로를 시속 80km로 달리고 있다.

앞에 있는 차도 같은 속도로 달린다면 차 사이의 거리가 100m나 떨어져 있으니 문제는 없다. 그런데 그 차가 멈춰 있다면 어떨까? 당장 자동 브레이크를 걸어야 한다.

하지만 공을 던져서 돌아올 때까지 걸리는 시간만 가지고서는 그 물체와의 거리밖에 알 수 없다. 이럴 때는 어떻게 해야 할까?

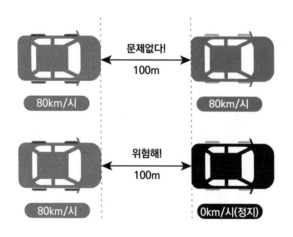

예를 들어 0.01초라는 매우 짧은 시간 감각으로 거리를 재서 답을 구하면 된다. 그러면 그림처럼 상대의 차와 가까워지고 있는지, 그렇지 않은지, 나아가 속도가 얼마인지까지 알 수 있다.

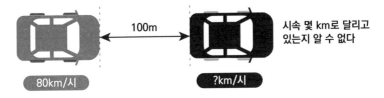

0.01초 동안 차 사이의 거리가 100m에서 99.8m가 되었다

$$가까워지는\ 속도는\ \frac{100 - 99.8}{0.01} = 20\text{m/초} = 72\text{km/시}$$

위의 예처럼 0.01초 동안 차 사이의 거리가 0.2m 줄어들었다면, 차 사이의 거리는 시속 72km의 속도로 줄어들고 있다는 뜻이다. 다시 말해 앞의 차는 정체되어 있는 듯 시속 8km의 속도로 달리고 있으며, 추돌할 위험성이 높다는 사실을 알 수 있는 것이다.

이처럼 거리로 속력을 구하는 계산, 그러니까 짧은 시간 간격 동안 변화한 거리로 속력을 구하는 것이 '미분'에 해당된다.

차 이야기를 하나 더 예로 들어보자. 자동차를 타는 사람들은 대부분 내비게이션을 쓸 것이다. 스마트폰 앱으로도 대체할 수 있지만, 옵션으로 설치한 내비게이션은 정확도가 높다. 여기에는 미분의 도움이 크다.

자동차도 스마트폰도 마찬가지지만, 현재 자신의 위치를 알기 위해 GPS라는 시스템을 이용한다. 이것은 여러 개의 위성에서 전파를 수신하여 자신의 위치를 계산하는 시스템이다.

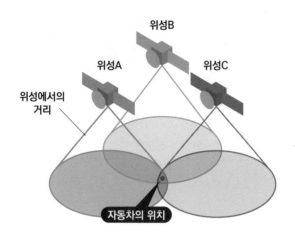

위성에서의 거리

위성A

위성B

위성C

자동차의 위치

위성 한 대에서 전파를 받으면, 그 위성에서 자신이 있는 차까지의 거리를 알 수 있다. 그러나 위성 한 대의 거리만 가지고는 점 하나를 콕 집어낼 수 없기 때문에 위성 3대에서 전파를 수신하여 정확한 위치를 구한다.

하지만 전파가 잘 닿지 않는 곳에서는 작동을 잘 하지 않는다. 예를 들어 터널 안으로 들어가 버리면 위성에서 전파를 수신할 수 없으므로 자동차의 위치를 정확히 알 수 없다.

그런데 정확도가 높은 내비게이션은 이런 경우에도 어느 정도 정확히 자동차의 위치를 파악한다. 어떻게 그럴 수 있을까?

사실 이런 내비게이션들은 GPS의 정보를 보완하기 위해 차를 제어하는 컴퓨터로 차의 속력 정보를 받는다. 예를 들어 내비게이션은 어떤 순간의 속력이 50km, 다음 순간의 속력이 60km라는 식으로 차의 속력을 모니터한다. 그 정보를 합쳐서 차의 위치를 정확히 구하는 것이다.

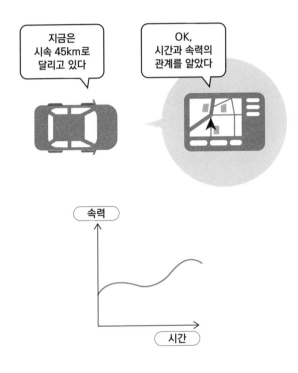

여기까지 설명이 이해됐는가? 그런데 잘 생각해 보면 살짝 이상한 부분이 있다는 사실을 알 수 있다.

내비게이션이 아는 것은 속력 정보이다. 속력은 알지만 달린 거리는 알 수 없다. 물론 '시속 50km로 1시간 달렸다'라고 한다면 달린 거리는 50km이다. 하지만 실제로 터널을 달릴 때도 속력은 계속 변한다. 속력의 변화는 알지만 달린 거리는 알 수 없는 것이다.

사실 여기서 적분이 활약한다. 내비게이션은 예를 들어 0.01초라는 짧은 간격으로 차의 속력을 모니터한다. 차의 속력은 확실히 그때그때 변하지만, 급정거를 하는 등 엄청나게 특수한 상황이 아니고서야 0.01 초 정도는 같은 속력으로 간주해도 좋을 것이다.

일정한 속력으로 본다면, 그 0.01초 동안 달린 거리는 계산할 수 있다. 그 구간들을 모두 더해서 1분, 5분, 그보다 더 긴 시간까지도 자동차가 이동한 거리를 아는 것이다.

0초	1초	2초	3초
41km/시	42km/시	43km/시	44km/시

시속 41km로 1초 동안 달린 거리　시속 42km로 1초 동안 달린 거리　시속 43km로 1초 동안 달린 거리　시속 44km로 1초 동안 달린 거리

이 거리를 모두 더한다

예를 들어 위의 그림에서는 짧은 시간 간격을 1초로 잡았다. 자동차의 속력은 시간에 따라 변하지만, 시간을 짧게 끊어서 1초 동안 일정한 속력으로 달린다고 가정하는 것이다. 그렇게 해서 1초 동안 달린 거리

를 구하고, 그 주행 거리를 모두 더했을 때 이동한 총 거리를 구할 수 있는 것이다.

이제 눈치를 챘을지도 모르겠다. 이렇게 짧은 간격으로 분할해서 속력을 통해 거리를 구하는 방법이 바로 적분이다.

그 밖에도 자동차 안에서는 엔진 제어나 냉각수의 온도 조절 등에도 미적분이 이용된다. 미적분이 없으면 차는 움직일 수 없다고 해도 무방할 만큼 중요한 것이다.

미적분으로 분석하는 돈의 흐름

이번에는 미적분의 힘이 돈 계산에도 도움이 된다는 이야기를 해보
려 한다.

어떤 사람이 라면집을 운영하는데 어느 달에 500만 원의 매출을 올
렸다고 가정해 보자. 이 금액은 많은 걸까, 적은 걸까? 액수만으로는
판단할 수 없다.

이 라면집의 지난달 매출이 400만 원이었다고 하면 25%나 늘어났
으니 500만 원은 많다고 추측할 수 있다. 반면, 지난달에 600만 원을

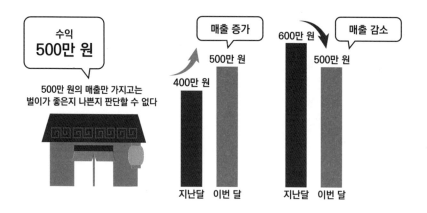

벌었다면 거의 20%나 줄어들었으니 적다고 볼 수 있다.

이처럼 매달 매출을 비교하여 돈의 수치를 분석할 때, 그 절대적인 액수뿐만 아니라 증감을 관리하는 것은 중요하다. 같은 매출이라 할지라도 증가하는 추세에 있다면 현재의 방침을 고수하여 장사를 이어가도 좋다고 생각할 수 있다. 하지만 매출이 감소하는 추세에서는 어떠한 조치를 취하지 않으면 매출이 줄어들 수도 있다.

돈의 흐름이란 어떤 한 지점의 숫자만 봐서는 적절한 판단을 내릴 수 없다. 과거의 데이터와 비교하고 그 증감을 확인해서 판단해야 한다.

이렇게 매출 그래프로 증감을 따지는 것이 미분이다.

이번에는 적분을 알아보자. 적분도 숫자를 분석할 때 빼놓을 수 없는 관점이다.

다음과 같이 1월부터 12월까지의 매출 데이터가 있다. 이 데이터는 미분을 해서 각 달의 증감 상태를 알 수도 있겠지만, 적분을 했을 때도 중요한 수치를 제시해 준다.

이 매출을 1월부터 12월까지 적분해 보자. 그러면 적분을 한 숫자는 1년 치 매출이 된다. 각 달의 증감도 중요하지만, 1년 동안 누적 매출이 통틀어 얼마가 되는가 하는 관점도 중요하다. 이때 적분은 누적이라는 관점을 우리에게 주는 것이다.

또한 적분은 기간을 바꿔서 볼 수도 있다. 이 경우 1월부터 6월까지

매출의 추이

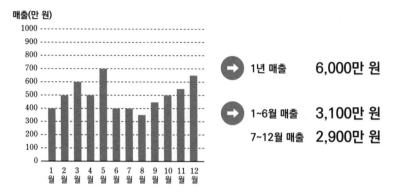

적분(합계)을 하고 7월부터 12월까지 적분(합계)을 해서 비교하면, 1~6월까지의 매출이 살짝 더 높다는 사실을 알 수 있다.

단순히 매출 숫자만 놓고 보면 월 매출 ○○원이라는 한 가지 정보밖에 얻지 못한다. 그런데 미분을 쓰면 '변화', 적분을 쓰면 '누적'이라는 정보가 따라오는 것이다.

숫자를 하나만 보는 사람과 3가지를 보는 사람의 분석 수준은 같을 수가 없다. 이처럼 미적분을 사용할 줄 알면, 숫자를 분석하는 수준이 올라간다. 하나를 알면 하나만 아는 사람과 하나를 알면 열을 아는 사람의 차이가 여기서 나는 것이다.

하지만 미적분은 몰라도 '변화'나 '누적'이라는 사고법은 평소에 많이들 사용한다.

그렇다. 미분, 적분이라는 수학 용어를 쓰면 어렵게 느껴지는데, 사실 숫자를 분석할 때 우리는 별생각 없이 미분이나 적분 사고법을 이미 사용하는 중이다. 나아가 이 매출 이야기에서 미분, 적분의 중요한 성질도 알 수 있다.

이번에는 아까와 다른 가게의 매출 추이를 그림으로 나타내 봤다. 0 이하의 숫자는 손실, 즉 적자를 나타낸다.

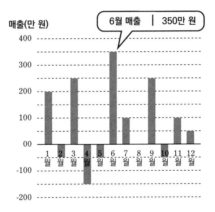

가게의 은행 계좌 예금은 다음 그림과 같다. 수익은 전부 이 계좌로 들어오고, 적자가 난 달에는 이 계좌에서 돈이 깎인다. 최초의 계좌 잔액은 1,000만 원이었다고 가정해 보자.

이때 계좌의 잔액이 변화하는 모습, 그러니까 잔액을 미분해서 보면

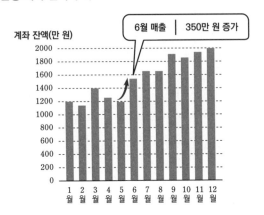

가게의 은행 계좌 잔액 추이

계좌 잔액(만 원)

6월 매출 │ 350만 원 증가

그달의 매출을 구할 수 있다. 예를 들어 6월의 예금 잔액은 5월과 비교했을 때 350만 원이 늘었다. 이 350만 원이 바로 6월의 매출이다.

　결론적으로 계좌의 잔액을 미분하면 매달의 매출 그래프를 얻을 수 있다는 뜻이다.

　다음으로 매출의 추이 그래프에 주목해 보자. 이번에는 1월부터 12월까지 전부 다 합치는 것이다. 이는 누적을 구하는 것이므로 적분을 한다는 뜻이다. 1월부터 12월까지 낸 수익을 전부 합쳐 보니 1년 매출인 1,000만 원이라는 숫자가 나온다.

　처음 계좌에 들어 있던 1,000만 원에 매출 1,000만 원을 더하면 2,000만 원이 된다. 이것이 12월의 계좌 잔액이다.

　이번에는 1월부터 6월까지의 매출을 더해 보자. 다시 말해 1월부터

가게의 매출 추이

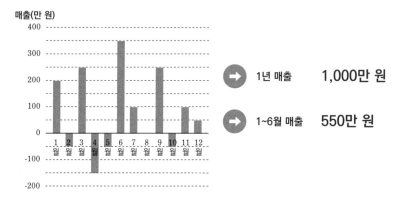

1년 매출   **1,000만 원**

1~6월 매출   **550만 원**

6월까지 적분하는 것이다. 이때 누적 매출은 550만 원이 나온다. 그리고 거기에 처음부터 들어 있던 1,000만 원을 더하면, 6월 시점의 계좌 잔액은 1,550만 원이라는 사실을 알 수 있다.

가게의 은행 계좌 잔액 추이

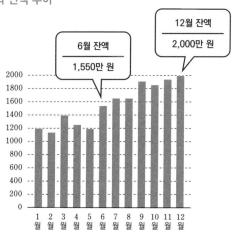

이처럼 각 달의 매출을 적분하면 계좌의 잔액이 나온다. 반대로 계좌의 잔액을 미분하면 각 달의 매출이 나온다.

그러니까 미분과 적분은 곱셈과 나눗셈의 관계처럼 역연산이다. 수학적으로 중요한 이 성질이 이렇게 간단한 사례에서도 확연히 드러나는 것이다.

1-4 스마트폰 속의 미적분

가는 곳마다 활약하는 미적분은 특히 컴퓨터에서 빛을 발한다. 왜냐하면 우리는 디지털 세계, 즉 0과 1의 세계에 살고 있기 때문이다. 다시 말해 온 세상을 숫자로 인식하는 세계다. 그 숫자를 해석하기 위해서는 수치를 미분하거나 적분해야 한다.

당장 우리 손에 닿는 가장 가까운 컴퓨터는 스마트폰일 것이다. 스마트폰은 자그마하지만 거대한 슈퍼컴퓨터나 마찬가지라고 생각해도 좋다.

스마트폰으로 사진을 찍는다고 가정해 보자. 인간이 볼 때 사진은 사진으로 보이는데, 스마트폰 세계에서는 숫자일 뿐이다.

예를 들어 사진 한 장은 '가로 500×세로 500'이라는 점(화소라고 불린다)으로 나누어져 있으며, 그 점의 덩어리로 표현된다. 컴퓨터가 있는 사람은 사진을 가장 크게 확대해 보면 결국 화소로 이루어져 있다는 사실을 확인할 수 있을 것이다.

알기 쉽게 사진으로 설명하겠다. 짙은 색부터 연한색까지 예를 들어 256단계($2×2×2×2×2×2×2×2$)로 색을 나누고, 그 숫자의 덩어

디지털카메라 사진

리로 표현하는 것이다. 이때 숫자가 클수록 밝은색이 된다.

우리가 볼 때는 사진이지만, 컴퓨터 안에서는 숫자일 뿐이다. 이는 컴퓨터 속에서는 전부 다 똑같이 음성이든, 동영상이든 모두 숫자로 표현된다.

230	229	229	184	236
190	189	54	98	183
189	187	186	94	90
236	236	185	186	230
235	236	186	182	231

사진도 모두
수치 데이터

그런데 요즘에 나오는 컴퓨터들은 모두 뛰어나서 그런지 마치 인간처럼 그림이나 동영상을 해석하는 것처럼 보인다. 그 프로세스에 미적분이 사용되는 것이다.

예를 들어 사진을 통해 얼굴을 인식하는 기술이 있다. 아래와 같은 사진에서 컴퓨터는 어떻게 얼굴을 인식하는 것일까?

저자의 최근 얼굴

이런 곳에도 미적분 사고법이 사용된다. 예를 들어 사진의 얼굴과 배경의 윤곽을 파악하는 방법이다.

사진에서 A와 B의 직선 부분의 밝기 숫자를 추출해서 다음과 같은 그래프로 만들어 봤다. A 선은 비교적 어두운 배경 부분에서 밝은 피부 부분으로 바뀌기 때문에 밝기 변화가 크다. 그러나 B 선은 어두운 배경 부분에서 더 어두운 머리카락 쪽으로 변화하여 밝기 변화가 적다.

사람의 눈으로 보면 어디가 얼굴의 윤곽인지 바로 구분할 수 있지만, 이것을 컴퓨터가 알 수 있도록 표현하기란 간단하지 않다. 예를 들어 얼굴이든 배경이든 밝은 곳과 어두운 곳은 모두 존재하니 120 이상이 얼굴, 그 이하가 배경이라는 식으로 단순하게 나눌 수는 없다.

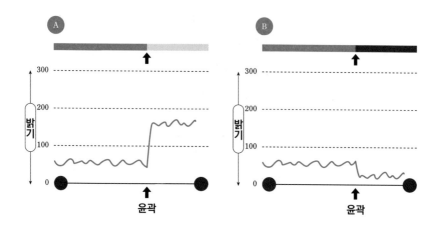

하지만 이를 미분값으로 보면 확실히 구별할 수 있는 경우가 있다.

앞서 나온 밝기의 숫자 데이터를 미분해 보겠다. 여기서 말하는 미분이란 옆의 화소와 차이가 얼마나 나는지 알아내는 것이다. 그러면 얼굴과 배경의 윤곽 부분에서는 밝기 차이가 커서 가장 차이가 큰 곳이 존재한다는 사실을 알 수 있다. 컴퓨터는 이것을 물체의 윤곽으로 인식할 수 있다.

밝기의 크기에만 주목하면 어디가 윤곽인지 인식하기가 어렵다. 하지만 밝기의 숫자를 미분해서 '차이'를 봄으로써 윤곽을 인식할 수 있는 것이다.

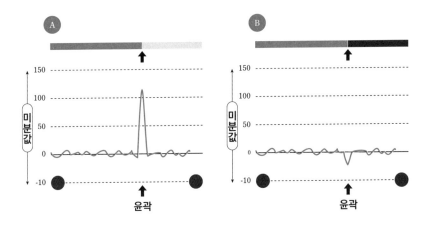

이처럼 컴퓨터 안에서는 데이터를 얻고, 미분하고, 정보량을 늘리는 일이 항상 이루어지고 있다. 그런 식으로 데이터를 해석하면 정밀도가 올라간다. 특히 숫자만이 존재하는 세계에 사는 컴퓨터에 미적분은 반드시 있어야 할 무기인 것이다.

스마트폰 안에서 미적분이 사용되는 예를 하나 더 소개하겠다.

이번엔 배터리 용량이다. 스마트폰은 배터리 용량이 '62%'라는 식으로 일의 자리까지 정확하게 표시되어 앞으로 배터리가 얼마나 남았는지 파악할 수 있게 되어 있다. 이 숫자를 산출하는 데 적분이 활약한다.

먼저 사전 지식으로서 전기나 전지가 어떤 것인지 간단히 설명하겠다. 전기의 정체는 전자라 불리는 알갱이다. 이 전자가 전지의 음극에서 양극으로 흐르고, 이 전자의 흐름이 우리가 아는 전류다.

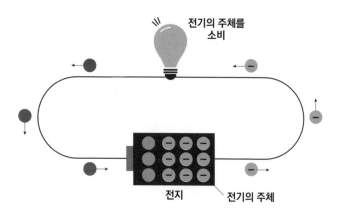

전기의 주체를
소비

전지

전기의 주체

전지電池는 전류의 주체인 전자를 화학 반응을 통해 저장하는 '연못'이라고 생각하면 된다. 연못 안에 있던 전자를 흘려보내는데, 쌓여 있던 전자를 모두 내보내면 텅 비게 되고 밖에서 전자를 보급하여 '충전'을 할 수도 있다.

그래서 흐르는 전자의 수를 세면 연못에 전자가 어느 정도 남아 있는지 파악할 수 있는 것이다.

그러나 전자의 수는 직접 셀 수가 없다. 알 수 있는 것은 '전류' 뿐이고, 전류는 1초에 전자가 어느 정도 흐르는지 숫자로 나타낸다.

물론 전류가 꾸준히 일정하게 흐르면 전자가 얼마나 흘렀는지 파악할 수는 있다. 예를 들어 1초 동안 1,000개의 전자가 흐른다고 가정하고, 그 상태가 1분 동안 이어지면 1,000개×60초로 60,000개의 전자가 흘렀다는 걸 알 수 있다.

하지만 전류는 일정하게 흐르지 않는다. 대기 화면 상태에서는 전류가 많이 흐르지 않고, 동영상을 볼 때처럼 뭔가 작동할 때는 스마트폰 기능을 최대한으로 사용하기 때문에 전류가 많이 흐른다.

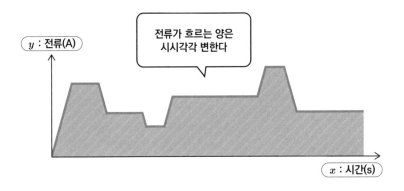

무슨 말인가 하면, 자동차의 속력과 같다고 보면 된다. 간격을 짧게 끊고 구간마다 흐르는 전자의 수를 더해서 합치는 것이다. 전류는 시시각각 변하지만, 0.01초만큼 짧은 시간 동안에는 일정하다고 할 수 있다. 이것이 바로 적분이다.

사진이나 전지를 예로 든 것처럼, 스마트폰 안에서도 미적분은 종횡무진 활약하고 있다. 미적분이라고 하면 '수학 시간에 배우는 그 쓸모없는 거?'라고 생각하는 사람도 많겠지만, 없으면 세상이 돌아가지 않는다고 할 정도로 중요한 기술이다.

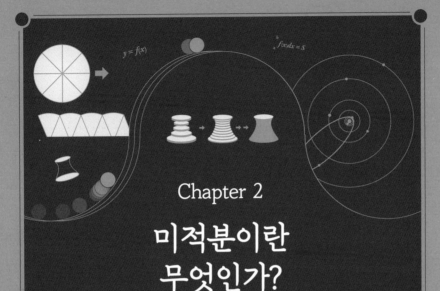

Chapter 2
미적분이란
무엇인가?

Chapter 1에서도 이야기했던 것처럼 미적분을 공부할 때 가장 이해하기 쉬운 소재는 '거리, 속력, 시간의 관계'이다. 미적분의 관계에 있는 수치들은 그 밖에도 아주 많지만, 우리 가까이 있는 것들 중에서 몸으로 가장 잘 느낄 수 있는 것이 바로 거리, 속력, 시간이기 때문이다.

특히 미분량인 '속력'을 느낄 수 있다는 점이 아주 좋다. 여러분은 '속력'이라는 것이 어떤 감각인지 알 수 있는가? 아마 대부분 안다고 대답할 것이다. 그걸 느낄 수 있다면 미적분 역시 어떤 느낌인지 알 수 있을 것이다.

여기까지는 아직 수식이 제대로 나오지 않을 테니 수식만 보면 치를 떠는 사람도 안심하고 읽을 수 있다.

2-1 거속시의 관계는 미적분

　미적분을 공부할 때는 거리, 속력, 시간의 관계가 가장 이해하기 쉬운 예라고 소개했다. 그렇기에 이들 관계를 확실히 짚고 넘어가지 못하면 미적분도 이해하기 힘들다. 일단 복습부터 시작해 보자.

　초등학생 때 배운 거리, 속력, 시간의 관계, 즉 '거속시 공식'을 기억하는가? 여기서 '거'는 '거리', '속'은 '속력', '시'는 '시간'을 나타낸다.
　사람마다 달라서 '거시속'으로 외운 사람도 있을 테고, '속력'을 '속도'로 배운 사람도 있을 것이다. 이들은 전부 다 똑같은 말이다.

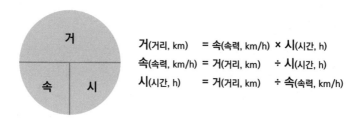

거(거리, km)　　 = 속(속력, km/h) × 시(시간, h)
속(속력, km/h) = 거(거리, km) ÷ 시(시간, h)
시(시간, h)　　 = 거(거리, km) ÷ 속(속력, km/h)

　자동차가 120km를 3시간에 달렸다고 가정하겠다. 이때 자동차의 속력을 구해 보자.

'거속시' 중에서 '속(속력)'을 지우면 그림과 같이 '$\frac{거}{시}$'가 남는다. 따라서 거리÷시간이 속력인 셈이다. 120km÷3시간으로 대입해서 계산하면, 정답은 40km/시가 나온다.

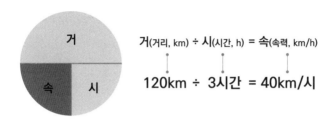

다음으로 이 자동차의 예에서 시간을 몰랐다고 가정하자. 다시 말해 자동차가 120km의 거리를 40km/시의 속력으로 달렸다. 이때 걸린 시간을 구하는 문제다.

이때는 '거속시'의 관계에서 시간, 즉 '시'를 지우면 그림과 같이 '$\frac{거}{속}$'이 남는다. 즉, 거리÷속력이다. 따라서 120km÷40km/시를 계산하면 정답은 3시간이 나온다.

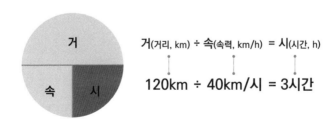

마지막으로 이 자동차의 예에서 거리를 몰랐다고 가정하자. 다시 말해 자동차가 40km/시의 속도로 3시간 달렸다. 이때 달린 거리를 구하는 문제다.

이때는 '거속시'의 관계에서 거리, 즉 '거'를 지우면 그림과 같이 '속 | 시'가 남는다. 따라서 속력×시간이므로 40km/시×3시간을 계산하면 정답은 120km임을 알 수 있다.

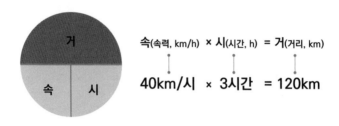

여기까지는 계산이 이해됐을 것이다. 그렇다면 이 '거속시' 계산이 어떻게 성립하는지를 알기 위해 설명을 조금 덧붙이겠다.

여기서는 살짝 어렵게 느끼는 사람들이 많은 '속력'에 대해 살펴보자. 거리는 길이, 시간은 말 그대로 시간이다. 이 개념은 어려움 없이 이해가 될 것이다. 그런데 '속력'이라는 개념은 상상하기가 어렵다.

예를 들어 학창 시절에 50m 달리기를 했을 때를 떠올려 보자. A는 8초, B는 10초에 결승 지점을 통과했다. 그러니 당연히 A의 발이 더 빠르다.

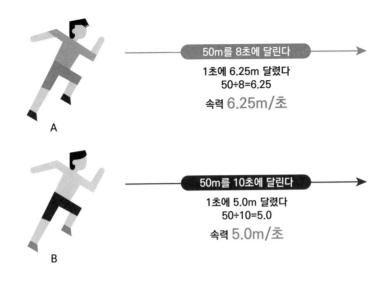

50m를 8초에 달린다
1초에 6.25m 달렸다
50÷8=6.25
속력 6.25m/초

A

50m를 10초에 달린다
1초에 5.0m 달렸다
50÷10=5.0
속력 5.0m/초

B

　속력이란 정해진 시간 안에 달릴 수 있는 거리를 나타낸다. A는 50m를 8초에 끊었으니까 1초당 50÷8이므로 6.25m를 달렸다. 그런데 B는 1초당 50÷10으로 5m밖에 달리지 못했다.

　빠름과 느림은 감각적으로 이해할 수 있을 것이다. 이 빠름과 느림을 숫자로 비교할 때는 단위 시간, 위의 경우에는 1초에 달릴 수 있는 거리를 지표로 나타냈다.

　단위 시간으로 고치는 이유는 거리가 다른 경우에는 속력을 비교할 수 없기 때문이다. 예를 들어 200m를 40초에 달리는 C와 100m를 25초에 달리는 D 중 누가 더 빠를까? 앞서 나온 50m 달리기의 예에서는 달리는 거리가 똑같았기 때문에 걸리는 시간이 짧은 쪽이 빠르다는 걸 바로 알았지만, 이 경우에는 달리는 거리가 다르기 때문에 단순 비교는 할 수 없다.

그래서 거리÷시간($\frac{거리}{시간}$)를 계산해서 1초에 얼마나 달렸는지를 비교하는 것이다. 위의 경우에서 200m를 40초 동안 달린 C의 속력은 5m/초이고, 100m를 25초 동안 달린 D의 속력은 4m/초이다. 따라서 200m를 40초 만에 달린 C가 더 빠르다는 것을 알 수 있다.

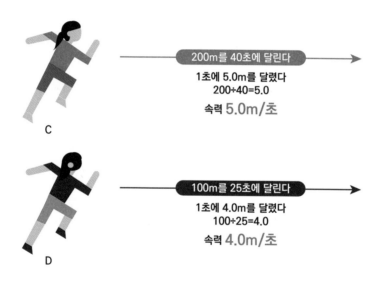

거리, 속력, 시간 복습이 되었는가? 그럼 이제 미적분 이야기로 돌아가겠다.

결론은 간단하다. 속력을 거리÷시간으로 구한 계산이 '미분'이다. 그리고 거리를 속력×시간으로 구한 계산이 '적분'이다.

바꿔 말하면, 시간으로 나누는 계산이 '미분'이고, 시간을 곱하는 계산이 '적분'인 셈이다. 다시 말해 미분은 나눗셈, 적분은 곱셈이다.

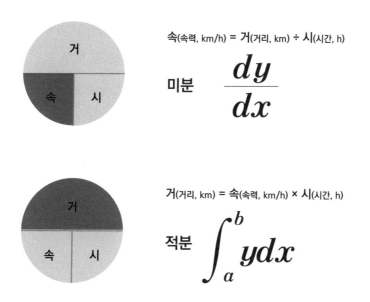

속(속력, km/h) = 거(거리, km) ÷ 시(시간, h)

미분 $$\dfrac{dy}{dx}$$

거(거리, km) = 속(속력, km/h) × 시(시간, h)

적분 $$\int_{a}^{b} y dx$$

혹시 머리에 물음표가 떠올랐는가? 걱정할 필요 없다. 그 물음표는 이 책을 읽으면서 해소될 테니 말이다. 아주 중요한 내용이라 반복하지만, 시간으로 나누는 계산이 '미분'이고, 시간을 곱하는 계산이 '적분'이다. 이 사실만 머리에 확실히 넣어 두고 다음으로 넘어가자.

적분이란? 넓이를 구하는 '엄청난 곱셈'

앞서 속력과 시간을 곱해서 거리를 구하는 계산, 다시 말해 '40km/ 시×3시간=120km'라는 계산이 적분이라는 이야기를 했다.

그리고 이 꼭지의 타이틀은 '적분이란? 넓이를 구하는 엄청난 곱셈' 이다. 얼핏 상관이 없어 보이는 이 두 가지 이야기를 어떻게 연결할까? 우선은 그래프를 이해해야 한다.

아래에 어느 자동차의 시간과 속력의 관계를 그래프로 나타냈다.

자동차와 속력의 관계

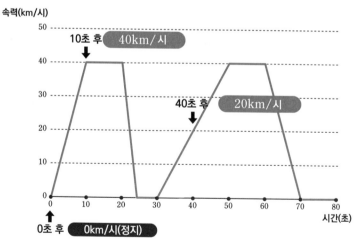

이 그래프는 어떻게 읽을까? 먼저 가로축이 시간, 세로축이 속력을 나타낸다. 출발 당시(0초)에는 멈춰 있었기 때문에 0km/시, 10초 후에는 40km/시, 40초 후에는 20km/시로 달렸다는 사실을 알 수 있다.

여기서 다음 그래프의 A와 B 구간에 주목하자. A 구간에서는 10초 만에 0km/시에서 40km/시로 가속을 했고, B 구간에서는 20초 만에 마찬가지로 0km/시에서 40km/시로 가속했다는 것이 보일 것이다.

어떤 모습일지 상상해 보자. A는 더 짧은 시간 동안 가속했기 때문에 B보다는 급가속했을 것이고, B는 천천히 가속했을 것이다. 이 그래프만 보고도 이런 사실들을 유추할 수 있다.

자동차와 속력의 관계

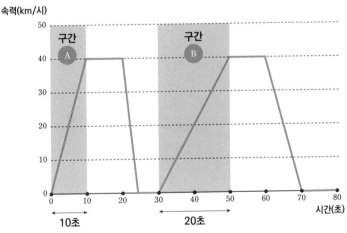

그렇다면 다음 그래프의 C와 D 구간은 어떨까? C에서는 40km/시로 달리다가 4초 만에 멈출 때까지 감속했기 때문에 상당한 급정거가

있었을 것으로 추측할 수 있다. 차 앞으로 무언가가 튀어나오기라도 한 것일까? 그런데 D 구간에서는 10초 만에 멈췄으므로 그냥 신호에 걸려 차를 세운 것으로 추측할 수 있다.

자동차와 속력의 관계

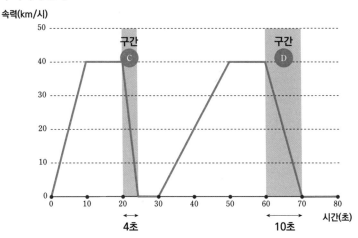

그래프만 보고도 이런 사실들을 유추해낼 수 있는 것이다. 그러니 그래프로 자동차의 움직임을 상상할 수 있도록 하자.

이제 적분 이야기로 돌아가겠다. 그래프를 사용해서 '40km/시로 3시간 달린 자동차'를 표현하면 다음과 같다.

앞서 나온 그래프에서는 속력이 오르락내리락했지만, 이 그래프는 40km/시라는 일정한 속력으로 차가 달렸다. 여기서 가로축의 시간 단위가 1시간이라는 사실에도 주의하자.

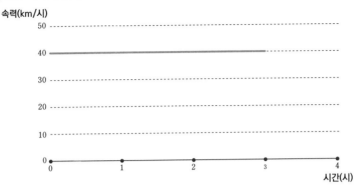

자동차와 속력의 관계

이때의 주행 거리는 '40km/시×3시간=120km'가 되는데, 이 계산은 그래프의 직사각형 넓이를 구하는 식과 똑같다는 사실을 눈치챘을 것이다. 그 말인즉슨, 시간과 속력의 그래프 넓이가 바로 거리를 나타낸다는 뜻이다.

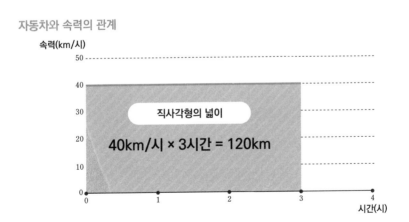

자동차와 속력의 관계

이러한 사실은 시간에 따라 속력이 달라지는 경우에도 똑같이 적용된다.

상상하기가 조금 어려울 수도 있지만, 아래 그래프와 같이 자동차가 3시간 동안 40km/시까지 가속했다고 가정해 보자. 이때 그래프는 삼각형 모양을 그리게 된다. 이 부분의 넓이는 '(밑변)×(높이)÷2'이기 때문에 3시간×40km/시÷2=60km가 된다. 따라서 이 자동차가 이동한 거리는 60km임을 알 수 있다.

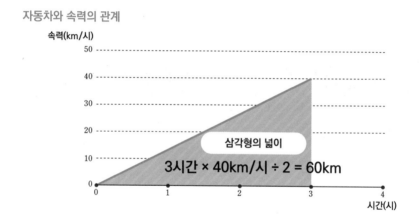

넓이를 구한다고 하면 단순히 사각형이나 삼각형이나 원 같은 도형의 넓이만 떠올릴지도 모르겠다. 하지만 이렇게 그래프의 넓이로 거리 같은 물리량을 구할 수도 있다.

그래서 넓이를 구하는 것에는 큰 의미가 있다. 그리고 그 넓이를 구하는 기술이 바로 적분이다.

지금까지는 그래프 모양이 직사각형이나 삼각형이어서 간단하게 넓이를 구할 수 있었다. 그런데 자동차는 사실 그렇게 움직이지 않는다. 3시간 동안 40km/시라는 일정한 속도로 달리거나, 3시간에 걸쳐 0km/시에서 40km/시까지 일정하게 가속을 한다는 것은 불가능하다. 아마 다음 그래프처럼 훨씬 더 복잡하게 움직일 것이다.

이때도 그래프의 넓이를 구하면 거리가 나온다. 그런데 이 넓이를 어떻게 구할까? 간단히 알 수는 없다.

이렇게 복잡한 도형의 넓이를 구하는 방법이 있다. 그게 바로 적분이다. 적분을 사용하면 이렇게 복잡한 곡선이 들어간 그래프의 넓이도 구할 수 있는 것이다.

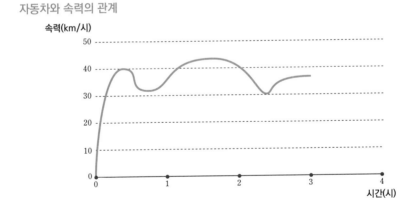

자동차와 속력의 관계

직사각형의 넓이는 가로×세로라는 곱셈으로 간단하게 구할 수 있다. 그리고 간단하지 않은 복잡한 도형의 넓이를 구하는 기술이 바로 적분이다. 그런 이유로 적분을 '엄청난 곱셈'이라고 부를 수 있겠다.

그런데 이렇게 복잡한 도형의 넓이를 어떻게 구할 수 있을까?

사실 실제로 그렇게 어렵지는 않다. 알게 되면 '뭐야, 그건 초등학생도 생각하겠다.'라며 탄식할지도 모르겠다.

이제 방법을 설명하겠다. 곡선으로 둘러싸인 넓이는 간단히 계산할 수 없으니 다음 그래프처럼 직사각형으로 분할해 보자. 이제 이 여러 개의 직사각형의 넓이를 모두 더하면 된다.

그런데 누가 봐도 이 방법으로는 계산이 정확하지 않다는 사실을 알 수 있을 것이다. 화살표 부분처럼 비어 있는 공간은 계산이 되지 않았으니 말이다. 그래서 이 부분은 오차가 생긴다.

이 오차를 적게 하려면 어떻게 해야 할까? 어쩔 수 없으니 다음 그림처럼 훨씬 더 많은 직사각형으로 분할해야 한다. 이렇게 많은 직사

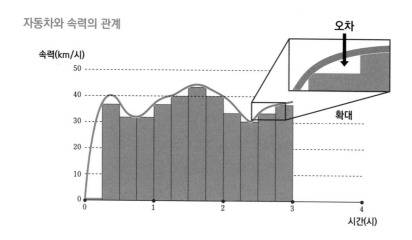

각형으로 분할하면 오차가 아직 남긴 하지만 어느 정도 정확한 숫자에 가까워질 것이다.

이처럼 오차가 어느 정도 적어질 때까지 직사각형을 더 촘촘하게 분할하고, 그 직사각형의 넓이를 더하면, 보다 정답에 가까운 그래프의 넓이를 구할 수 있다.

자동차와 속력의 관계

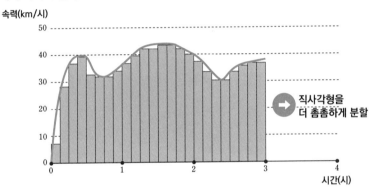

이것이 적분의 정체다.

적분이란 넓이를 구하는 기술이라는 것, 그리고 넓이 구하기가 쉬운 직사각형을 이용하여 구하고 싶은 영역의 넓이를 구하는 것이라는 사실을 기억해 두길 바란다.

고등학교에서 온통 수식으로 도배된 적분을 먼저 접했으면 너무 어려워 보이겠지만, 이렇게 적분의 본질을 알고 보면 그렇게 어렵지 않다는 사실을 알 수 있을 것이다.

미분이란?
기울기를 구하는 '엄청난 나눗셈'

이제 적분이 어떤 건지 알았을 테니, 이번에는 미분 이야기를 하려고 한다.

초반에 '속력을 거리÷시간으로 구한 값, 이것이 미분이다'라고 설명했다. 이 부분을 조금 더 자세히 파헤쳐 보자. 여기서 나오는 나눗셈이 미분인데, 제목에도 썼듯이 미분은 '엄청난 나눗셈'이다. 이것을 설명하려면 그래프에 더 익숙해져야 한다.

예를 들어 아래의 그래프처럼 이동한 자동차가 있었다고 가정해 보

자동차와 거리의 관계

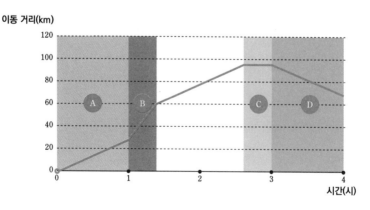

자. 이때 가로축은 앞서 나온 적분과 똑같이 시간이지만, 세로축은 0의 지점에서 이동한 거리를 나타낸다.

이번에도 그래프를 보고 자동차가 어떻게 움직였을지 상상해 보는 것이 중요하다.

A 영역에서는 시간에 따라 거리가 늘어나기 때문에 자동차가 앞으로 나아갔다. B 영역도 똑같지만, A 영역보다 기울기가 가팔라서 같은 시간에 많은 거리를 이동했다. 이는 곧 B 영역에서는 A 영역보다 더 빠르게 자동차가 움직였다는 사실을 나타낸다. 그리고 C 영역에서는 시간이 변화해도 거리가 일정하다. 즉, 자동차가 멈춰 있다는 뜻이다. 마지막으로 D 영역에서는 시간이 지날수록 거리가 점점 줄어들었다. 이는 곧 출발점에 가까워졌다는 뜻이다. 거리는 출발점에서 얼마나 떨어져 있는지를 나타내기 때문에, 이 경우에는 출발점을 향해 반대 방향으로 움직였음을 알 수 있다.

이 거리와 시간의 그래프에 꼭 익숙해지길 바란다. 그러면 이제 미분 이야기로 넘어가겠다.

일정한 속력으로 달리는 자동차 이야기로 다시 돌아가 생각해 보자.

처음에는 3시간에 120km를 달리는 자동차의 속력으로 문제를 설정했기 때문에 120km÷3시간을 계산해서 속력은 40km/시가 나왔다.

다음에 비슷한 예를 그래프로 나타냈다. 이번에는 4시간 동안 일정한 속력으로 120km를 달렸다.

이때 주목해야 할 것은 바로 기울기이다. 잘 보면 그래프가 직선이고 모든 부분에서 기울기가 일정하다. 이는 곧 속력이 일정하다는 뜻이다. 따라서 주행 거리인 120km를 달리는 데 걸린 시간인 4시간으로 나누면, 30km/시라는 속력을 간단히 구할 수 있는 것이다.

자동차와 거리의 관계

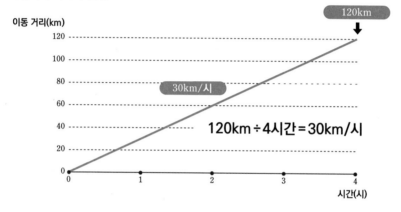

이에 반해 속력이 일정하지 않은 경우의 시간과 거리의 관계를 다음 그래프에 나타냈다.

앞서 나온 예와 똑같이 4시간 동안 120km를 달렸지만, 중간에 속력이 변화했다. 예를 들어 점 A에서는 50km/시인데, 점 B에서는 30km/시였다. 그래프만 봐도 점 A의 기울기가 점 B보다 가파르다는 것을 알 수 있을 것이다.

자동차와 거리의 관계

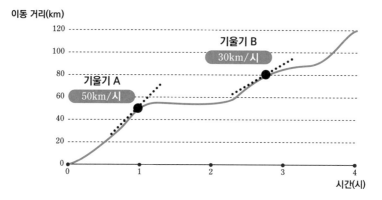

이동 거리(km)

기울기 B
30km/시

기울기 A
50km/시

시간(시)

 만약에 직선의 관계였다면 '120km÷4시간'이라는 간단한 나눗셈으로 기울기, 즉 속력을 구할 수 있다. 하지만 이 그래프의 점 A나 점 B의 기울기는 간단히 계산하기가 어려워 보인다.

 이런 경우에도 기울기를 구할 수 있는 나눗셈, 즉 '엄청난 나눗셈'이 바로 미분이다. 미분은 과연 어떤 원리를 갖고 있을까? 이 역시 사고법 자체는 단순해서 특별히 어렵지는 않다.

 예를 들어 30분 동안에 달린 거리로 기울기를 구해도 다음과 같이 올바른 속력은 구할 수 없을 것 같다. 출발하고 2시간 후인 점 A에서는 실제 속력이 10km/시 정도였는데, 2시간 후에서 30분이 지난 시점까지 이동한 15km의 속력을 구하면 30km/시가 된다. 이는 실제 속력과 상당히 차이가 있다.

69

자동차와 거리의 관계

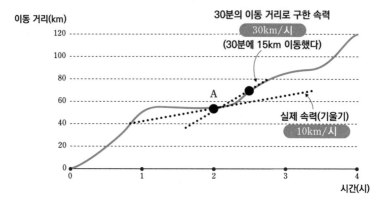

이동 거리(km)

30분의 이동 거리로 구한 속력
30km/시
(30분에 15km 이동했다)

A

실제 속력(기울기)
10km/시

시간(시)

그렇다면 어떻게 할까? 아무튼 시간 간격을 좁혀 가는 것이 맞는 방법이다. 시간 간격을 0.0001시간(0.36초) 정도까지 점점 줄이면, 그 사이사이의 속력 변화가 매우 적기 때문에 속력은 거의 일정하다고 볼 수

자동차와 거리의 관계

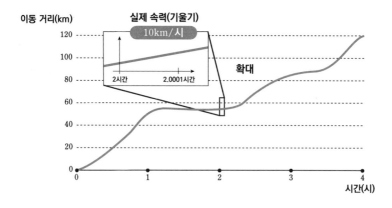

이동 거리(km)

실제 속력(기울기)
10km/시

2시간   2.0001시간

확대

시간(시)

있다. 오차가 0이 될 순 없지만 엄청난 급가속이나 급감속이 아닌 이상, 0.0001시간(0.36초)의 속력 변화는 무시해도 큰 영향이 없을 것이다.

이 작업은 그래프로 보면 확대하는 것을 의미한다. 그러면 시간 간격이 좁아지기 때문에 곡선도 대부분 직선으로 보일 것이다.

이렇듯 짧은 시간 동안 이동한 거리로 기울기를 구하는 것이 '미분'의 본질이다.

2-4 혜성의 궤도를 예상한 미분

영국의 천문학자 에드먼드 핼리(1656-1743)라는 인물이 있다. 이 사람은 76년에 한 번 지구에 접근한다는 '핼리 혜성'을 발견한 인물로 알려져 있다.

사실 핼리는 미분과 적분이라는 학문 발전에 크나큰 기여를 한 뉴턴과 같은 시대에 살았던 연구자인데, 뉴턴에게 《프린키피아》라는 글을 쓰도록 추천한 사람 역시 그였다고 한다.

핼리 혜성의 궤도

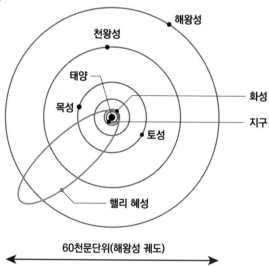

60천문단위(해왕성 궤도)

그리고 뉴턴은 미적분을 사용해서 구축한 운동 방정식의 이론으로 핼리 혜성의 움직임을 예측했는데, 실제 76년 주기로 핼리 혜성이 지구에 나타났다고 해서 그 정확성이 증명되었다. 뉴턴의 미적분 이론이 미래를 예측한 것이다.

뉴턴의 운동 방정식은 앞서 설명한 시간과 거리, 속력의 관계에 '가속도'라는 개념을 가지고 온 것이 중요한 브레이크 포인트였다.

가속도란 단위 시간당 속력이 증가하는 '속도'를 일컫는다. 조금 비현실적인 설정이지만, 40km/시로 달리는 차가 같은 비율로 가속해서 0.5시간(30분) 후에는 60km/시로 달린다고 가정해 보자. 0.5시간 동안 20km/시를 가속했으니, 1시간 동안에는 40km/시가 가속하게 된다. 따라서 가속도는 40km/시²으로 표현한다.

가속도란?

0.5시간 후

40km/시   60km/시

0.5시간 사이에 40km/시로 달리던 차의 속력이 60km/시로 늘었다

$$가속도는 \quad \frac{60km/시 - 40km/시}{0.5} = 40km/시^2$$

시간에 제곱이 붙어 있어 혼란을 불러일으킬 수도 있겠다. 이것은 시의 제곱으로 나눈다기보다는, km/시, 그러니까 속력을 시간으로 나눈 값이라고 이해하면 편하다.

참고로 여기서는 자동차의 속력을 나타낼 때 자주 쓰는 km/시라는 단위를 썼는데, 앞으로는 m/초, 즉 1초 동안 몇 미터 움직였는가를 나타내는 단위를 쓰겠다. 물리의 세계에서는 이 단위를 일반적으로 더 많이 쓰기 때문이다.

그리고 이 가속도에 주목하는 것이 획기적인 이유는, 운동하는 물체에 실리는 힘이 가속도에 비례하기 때문이다.

조금 어려울 수도 있으니 순서대로 설명하겠다. 예컨대, 다음 그림처럼 어떤 물체가 멈춰 있는 상태에서 같은 힘으로 계속 밀었다고 가정해 보자. 그랬더니 100초 후에는 2m/초의 속력이 되었다. 이때 가속도는 0.02m/초²이 된다. 0.02m/초²×100초=2m/초인 것이다.

이때 미는 힘을 2배로 늘리면 어떻게 될까? 사실은 가속도가 2배로 늘어난다. 즉, 가속도가 0.02m/초²의 2배인 0.04m/초²이 되는 것이다. 그러면 100초 후에는 아까보다 2배 빠른 4m/초가 된다.

힘을 2배로 늘리면, 가속도가 2배가 된다는 관계가 중요하다.

그리고 가속도라는 값은 거리와 속력의 관계와 마찬가지로 속력과 미분과 적분의 관계에 있다. 그 말인즉슨, 속력을 미분하면 가속도가

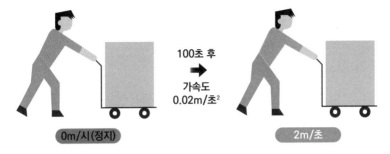

100초 후
➡
가속도
0.02m/초²

0m/시(정지)   2m/초

미는 힘을 2배로 늘리면 가속도는 2배인 0.04m/초²이 된다
가속도는 작용하는 힘에 비례한다(운동 방정식)

되고, 가속도를 적분하면 속력이 되는 것이다.

정리하자면 거리와 속력과 가속도의 관계는 미분과 적분을 매개체로 이렇게 이어진다.

거리	미분 → / ← 적분	속력	미분 → / ← 적분	가속도
단위 m, km		단위 m/초, km/시		단위 m/초², km/시²

이 중에서 가속도는 받는 힘에 비례하기 때문에 물체에 실리는 힘을 알면 가속도를 알 수 있다. 그리고 가속도를 알면 그 값을 적분해서 속력을 얻을 수 있다. 게다가 얻어낸 속력을 다시 적분하면 거리까지 알 수 있는 것이다.

핼리 혜성은 태양이 끌어당기는 힘(인력)의 영향을 받아 운동한다. 그래서 그 인력을 알면 가속도를 알 수 있고, 또 그것을 적분하면 속력이나 거리도 알 수 있는 것이다.

이러한 이론에 따라 핼리는 핼리 혜성의 궤도를 추측하여 76년마다 지구에 접근한다는 사실을 예측했다. 그리고 실제로 그 말이 그대로 이루어졌으니 뉴턴의 미적분 이론이 맞았다는 사실이 증명된 것이다.

기름의 온도를 제어하는 미적분

여기까지 속력과 시간과 거리의 관계를 예로 들어 미분과 적분이 어떤 것인지 설명했는데, 대충 감이 잡혔는가?

이번에는 미분이나 적분이 일상생활에서 어떻게 쓰이는지 다른 예를 들어 보려고 한다. 의외로 요리 현장에서도 수학이 활약한다. 여기서는 튀김에 쓰이는 기름의 온도를 일정하게 유지하는 이야기를 예로 들어 설명하겠다.

가스레인지로 기름을 가열하려고 한다. 실온에 있던 기름을 불에 올려 온도를 서서히 높여준다. 돈가스나 크로켓 등을 조리하기 위한 적

정 온도는 대개 180℃ 정도라고 한다. 그러니 180℃까지 온도를 올린 다음에 그 상태를 유지하는 모습을 상상해 보자.

기름이 180℃ 이하일 때는 강불로 가열했다가, 180℃ 이상으로 올라가면 불을 꺼서 0으로 만드는 방법이 가장 간단하다.

하지만 이 방법에는 문제가 있다. 강불을 즉시 꺼서 불의 세기를 0으로 만들었다 해도 아직 열이 상당히 남아 있기 때문에 온도는 180℃를 넘어 계속 올라가기 때문이다. 이때의 온도를 그래프로 나타내면 다음과 같다.

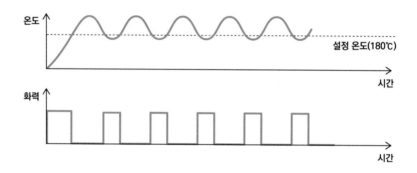

온도가 180℃보다 높아져 있는 시간이 상당히 많다. 이는 적정 온도를 넘어서 더 뜨거워졌다는 뜻이다. 이래서는 맛있는 튀김을 만들 수 없다.

따라서 좋은 방법이 필요하다. 여기서 생각할 수 있는 것은 설정한 온도와 실제 온도의 차이에 비례한 화력으로 기름을 가열하는 방법이다. 설정한 온도에 가까워질 때쯤 화력을 줄이는 것이다. 이렇게 하면 아까처럼 설정 온도를 크게 넘는 일은 없다.

그 대신 이 경우에는 온도가 올라가는 속도가 느려진다. 게다가 기름의 열은 밖으로 나가려고 하니까 그 열과 화력이 균형을 이루는 부분, 그러니까 설정한 온도보다 낮은 곳에서 온도가 일정해지기 때문에 설정 온도에 도달하지 않는다는 문제가 생긴다.

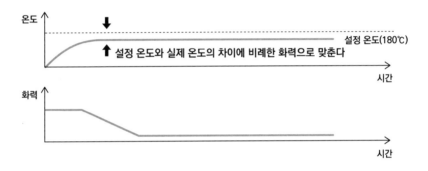

그래서 온도 차이가 조금 나더라도 화력을 높이는 게 낫겠다고 생각할 것이다. 그런데 이렇게 하면 정도만 가벼워질 뿐이지 화력을 100과 0으로 조절할 때처럼 설정 온도를 넘어서 높았다 낮아졌다를 반복하게 된다.

그러면 어떻게 해야 할까? 여기서 적분의 힘을 빌리겠다.

아까처럼 설정 온도와 실제 온도의 차이만큼 화력을 주는 게 아니라, 이번에는 온도 차를 시간으로 적분해서 화력을 가하는 것이다. 아마 말로 해도 잘 와닿지 않을 테니 아래 그림을 보자.

적분은 넓이를 구하는 계산이라고 설명했다. 따라서 적분으로 그림의 넓이를 구하고, 이 넓이가 넓어졌을 때 화력을 높이는 것이다.

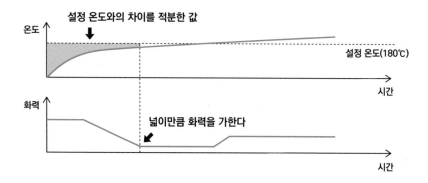

따라서 설정 온도보다 낮은 온도에서 오래 머물러 있으면, 그 차이에 맞게 화력을 추가해서 설정 온도에 다다를 수 있다.

여기서는 온도 차이를 적분한 값이라는 점에 포인트를 맞춰야 한다. 그러므로 온도 차가 같더라도 시간이 흐르면서 화력이 점점 높아지게 된다. 이런 식으로 화력을 가하면 설정 온도에 확실히 다다르는 것은 물론이고, 그 온도를 유지할 수도 있다.

설정 온도보다 더 올라가면 온도 차와 시간에 맞춰 화력을 줄이면 되고, 방의 온도가 떨어져서 기름 온도가 내려가면 다시 화력을 높여서 설정 온도로 되돌릴 수 있다.

하지만 이것만으로는 충분치 않다. 튀김 기름이니까 당연히 고기나 채소가 재료로 들어간다. 그런데 재료를 많이 넣으면 온도가 단숨에 떨어질 것이다.

기름에 재료를 넣을 때는 온도가 확 떨어진다

온도 변화를 그래프로 확인해 보자. 어느 정도 시간이 지나면 적분의 힘이 있으니 원래 온도로 돌아가지만, 적분은 시간이 지나지 않으면 효과가 없기 때문에 아무래도 오래 걸린다. 이렇게 하면 기름 온도가 설정 온도에서 벗어난 시간이 길어지기 때문에 맛있는 튀김을 만들 수 없다.

따라서 재료를 넣어 온도가 확 떨어졌을 때는 화력을 키워야 한다.

여기서 미분이 등장한다. 온도를 미분하면 온도가 떨어지는 속력을 구할 수 있다. 즉, 차가운 재료를 넣거나 재료를 한꺼번에 넣어서 온도가 급격히 떨어졌을 때는 화력을 키우면 되는 것이다.

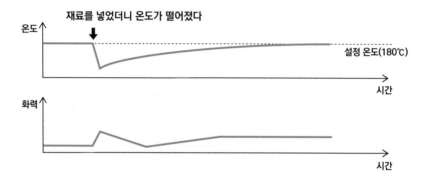

시간과 온도 그래프에서 온도가 떨어지는 속력을 구하는 것은 미분이다. 그래서 미분으로 속력을 구할 수 있다. 그 떨어지는 속력이 빠를수록 큰 화력을 가하는 것이다.

이렇게 미분을 써서 제어하면 기름의 온도가 떨어졌을 때 설정 온도로 돌아가기까지의 시간을 크게 줄일 수 있다.

이런 방법을 'PID 제어'라고 부르기도 한다. P는 Proportional의 머리글자로 비례, 즉 현재 온도와 설정한 온도의 차이에 따른 화력의 세기를 나타낸다. 그리고 I는 Integration으로 적분, D는 Differential로 미분을 뜻한다.

이 PID 제어는 현재, 과거, 미래에 주목한 제어라고도 할 수 있다. 우선 '현재' 온도와 목표한 온도의 차이를 보고 화력을 정한다. '과거'의 설정 온도로 올리고 싶은데 잘 오르지 않아 화력을 더 올리는 것은 적분의 제어이다. 마지막으로 온도가 급격히 떨어진 것을 보고 '미래'에 온도가 떨어지리라고 예측하는 것은 미분의 제어이다.

이 사고법은 다양한 제어에 쓰이는데, 온도뿐만 아니라 엔진의 파워나 액체의 양, 압력을 컨트롤할 때도 사용한다.

이처럼 미분은 아주 가까운 곳에서 우리의 생활을 안전하고 편리하게 하는 데 도움을 주고 있다.

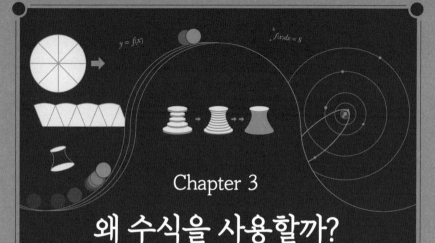

Chapter 3

왜 수식을 사용할까?

여기까지는 수식을 거의 쓰지 않고 미적분을 설명했다. 아마 미적분이
어떤 것인지 대충 그림이 그려지지 않았을까 한다.

이쯤에서 '그럼 학교에서 배운 수식투성이의 미적분은 대체 뭐였나요?'
라는 의문이 드는 사람도 많을 것이다. 지금까지 읽은 내용과 수식이 도
무지 연결되지 않는 것이다.

결론부터 말하자면, 미적분을 이해하려면 수식은 필요하다. 지금까지는
이미지부터 먼저 잡아야 했기 때문에 수식을 쓰지 않았다. 하지만 미적
분이 본디 가진 힘을 발휘하려면 역시 수식이 꼭 필요하다.

이번 챕터에서는 '왜 미적분 사고법을 응용하기 위해 수식이 필요한가?
수식이란 어떤 것이며 어떤 종류가 있을까?'라는 의문을 해소해 보려고
한다.

미래를 예측하려면 수식을 써라

'수식을 왜 쓰나요?'라는 질문에 대해 '미래를 예측하기 위해', 혹은 '보이지 않는 것을 보기 위해'라고 답할 수 있다.

예를 들어 다음과 같은 그래프가 있다고 가정해 보자.

막대그래프에 표기된 숫자를 어느 가게의 하루 입점객 수라고 예시를 들어 보겠다. 이때 2월 4일의 수치는 어느 정도로 예측할 수 있을까?

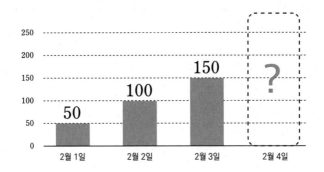

아마 200 정도가 될 것으로 예상한 사람이 많을 것이다.

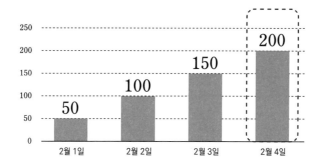

그럼 이 그래프는 어떨까?

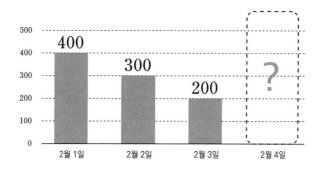

이 경우는 100으로 예상하지 않을까?

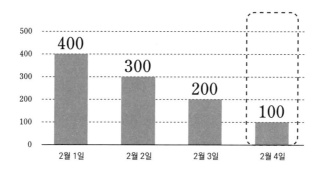

그렇다면 마지막이다. 이때 2월 5일의 숫자는 어떻게 예측할 수 있을까?

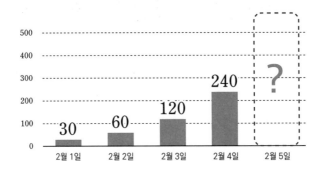

살짝 고민한 사람도 있겠지만, 대부분은 480이라고 대답했을 것이다.

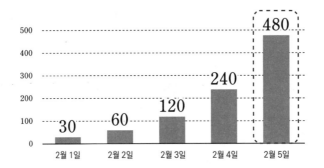

수식이라는 말만 들어도 다들 기피하는 경향이 있다. 하지만 이 문제를 푼 사람은 수식의 사고법을 할 줄 안다고 볼 수 있다.

첫 그림에서는 숫자가 50씩 늘었다. 이는 일차함수이며 $y=50x$로 나타낼 수 있다. 다음 그림에서는 숫자가 100씩 줄어들었으므로 $y=-100x+500$으로 나타낸다. 그리고 마지막 그림에서는 숫자가 두 배씩 늘어났으므로 $y=15 \times 2^x$로 나타낼 수 있다.

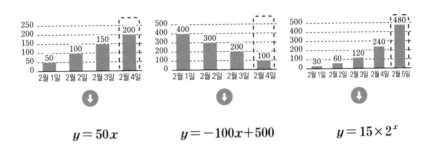

$$y = 50x$$

$$y = -100x + 500$$

$$y = 15 \times 2^x$$

인간이 눈으로 보고 대충 예측한다면, 수식 없이 감각만으로도 결과를 예상할 수 있다. 하지만 인간의 직감은 틀릴 가능성도 있을뿐더러 번거롭기까지 하다.

따라서 이런 예측을 컴퓨터에 맡기자는 것이다. 하지만 그러려면 반드시 수식으로 표현할 줄 알아야 한다. 컴퓨터는 감각을 갖고 있지 않아서 수식으로 표현된 것만 이해할 수 있기 때문이다.

비즈니스 관련 문제나 생물 관련 문제, 물론 공학적인 문제까지도 숫자를 분석할 때는 과거의 숫자를 보고 미래를 예측한다는 목적이 있다. 그러려면 숫자를 분석해서 수식으로 만들어야 한다.

중학교나 고등학교에서 일차함수, 이차함수, 지수함수, 삼각 함수 등
여러 가지 수식을 공부했을 것이다. 그런 수식들은 현실의 숫자를 적
용해서 미래를 예측하기 위해 존재한다고 볼 수 있다.

함수란 무엇인가?

이제 미래를 예측하기 위해, 보이지 않는 것을 보기 위해 수식을 공부해 보자.

먼저 함수란 무엇일까? 함수란 숫자를 '입력'하면 숫자가 '출력'되는 상자 같은 것이다.

1,500원짜리 노트를 x권 샀을 때 내는 돈을 y원이라고 가정하자. 노트 1권을 샀을 때, 즉 $x=1$일 때는 1,500원이고, 노트 2권을 샀을 때, $x=2$일 때는 3,000원이다.

이런 식으로 x에 노트의 개수를 넣으면 얼마를 내야 하는지가 나온다. 이게 바로 함수다.

아래 그림처럼 숫자를 넣으면 또 다른 숫자가 나오는 상자라고 생각하자. 이때 노트를 x권 샀을 때 낼 돈 y는 $(1500 \times x)$원, 문자식에서는 보통 '×'를 생략하기 때문에 $1500x$원이 된다. 따라서 노트 개수와 지불해야 할 돈의 관계를 식으로 나타내면 $y=1500x$가 된다. 이제 학교에서 배웠던 수학이 슬슬 보이기 시작했다.

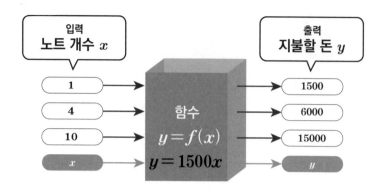

여기서 꼭 알아 둘 것이 있다. 교과서 생각이 나겠지만 중요한 사항이니 확실히 알고 넘어가자. 그것은 바로 변수, 함수, 정수이다.

아까 나온 노트 개수와 합계 금액의 관계를 수학 언어로 다시 써 보겠다. x와 y에 더불어 $f(x)$가 새로 등장한다.

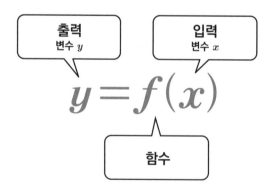

여기서 x와 y는 '변수'다. 왜냐하면 x는 노트의 개수이므로 몇 권을

살지에 따라 변하는 숫자이기 때문이다. y는 합계 금액이므로 x가 변하면 같이 변한다. 따라서 y도 변수다.

이번에는 $f(x)$라는 문자를 보자. 이것은 '함수'를 의미한다. f는 영어로 함수를 뜻하는 function에서 따왔다. 이 경우, $f(x)$란 '$1500x$'라는 식을 나타낸다. 따라서 $y=1500x$와 $y=f(x)$라는 식은 같은 뜻이다.

함수가 1개일 때는 $f(x)$를 많이 쓰는데, 상황에 따라서는 2개 이상의 함수가 등장할 때도 있다. 그럴 때는 f 다음에 오는 g, h를 써서 $g(x)$, $h(x)$라고 표현하는 경우가 많다.

또한 $f(x)$에서 괄호 안에 있는 x는 그 함수의 변수를 나타낸다. 노트의 예시에서는 $1500x$라는 식에서 x가 바로 변수인 것이다.

그리고 $f(1)$이나 $f(3)$처럼 x 부분에 숫자가 들어간 것도 있다. 예를 들어 $f(1)$이면 변수 x가 1일 때의 함숫값을 나타낸다. 즉, $f(1)=1500 \times 1=1500$이고, $f(3)=1500 \times 3=4500$이 되는 것이다.

참고로 변수에는 x나 y나 z처럼 알파벳 끝 쪽에 오는 문자가 많이 쓰인다. 그밖에 시간이라는 뜻의 time에서 따 온 t는 특히 시간을 변수로 한 함수에서 자주 쓰인다.

마지막으로 '정수'에 대해 설명하겠다. 살짝 까다로울 수 있으니, 만약 이 부분을 읽고 이해가 가지 않는다면 그냥 넘어가도 괜찮다.

학교 교과서에는 "$f(x)=ax+b$"라는 식이 자주 등장한다. 앞서 말한 대로 $f(x)$는 x를 변수로 한 함수이다. 그런데 이 $ax+b$라는 식 안에는

x 말고도 a와 b라는 문자가 포함된다. 여기서 a와 b는 무엇일까?

사실 이것들을 바로 정수라고 부른다. a나 b는 문자이기 때문에 여러 가지 숫자가 들어간다. 그렇다고 해서 변수는 아니다. 앞서 나온 노트 개수와 합계 금액의 예시에서는 노트 1권의 금액이 a에 해당한다. 여기서는 노트를 1권에 1,500원으로 설정했는데, 2,000원이나 3,000원으로 설정할 수도 있다. 그래서 그 노트 1권의 가격을 a로 두는 것이다.

하지만 이 a는 정수이기 때문에 함수식 안에서는 고정된 것으로 간주한다. 다시 말해 $f(x)=ax+b$일 경우 x에 2를 대입하면 $f(2)=2a+b$가 되지만, 여기서 "$2a+b$"는 1500이나 3000과 같이 거의 숫자처럼 취급하는 것이다. 이 부분은 수학 교과서를 읽을 때 이해하기 어려운 부분이니 조심하자.

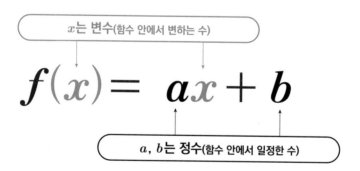

x는 변수(함수 안에서 변하는 수)

$$f(x) = ax + b$$

a, b는 정수(함수 안에서 일정한 수)

일반적으로 변수는 x부터 시작해서 y나 z, 정수는 a부터 시작해서 b나 c가 사용되는 경우가 많다.

마지막으로 함수라고 하면 수식을 떠올리기 쉬운데, 딱히 수식이 아니어도 상관없다. 예를 들어 A가 집을 나간 후 경과한 시간 t(초)와 이동한 거리 $x(m)$를 함수 $x=f(t)$라고 표현해도 좋다. 이 경우에 $f(t)$는, $f(t)=10t$처럼 명확한 수식으로 나타낼 수는 없다. 하지만 이것도 엄연한 함수이다.

함수라고 하려면 어떤 변숫값에 대해 출력값이 1개 존재해야 한다. 이 경우에는 예컨대 10초 후에 집에서 8m 떨어진 곳에 있었다는 식으로 명확하게 숫자 1개가 대응한다. 따라서 이것도 함수라고 할 수 있다.

그런데 함수라는 말은 수학 말고 다른 곳에서도 등장한다. 엑셀을 쓰는 사람이라면 함수에 익숙할 것이다. 이 함수도 기본적으로 주어진 숫자(변수)에 대해 또 다른 숫자를 돌려준다. 또한 프로그래밍에서도 함수라는 개념이 나오는데, 이 역시 마찬가지다. 입력에 대해 출력을 얻을 수 있다.

이처럼 함수의 개념을 확실히 공부해 두면, 수학 이외의 분야에서도 도움이 된다. 꼭 외워 두길 바란다.

앞에서는 노트 x권을 샀을 때 지불할 돈을 y원으로 설정했다. 이때 함수라는 상자에 노트 개수 x를 입력했고, y가 출력되었다. 그리고 수식은 $y = 1500x$로 썼다.

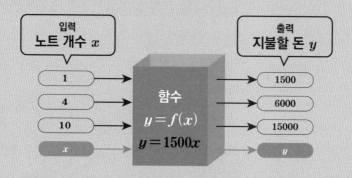

그런데 상황에 따라서는 반대를 따져야 할 때가 있다. y원을 지불했을 경우, 노트를 x권 샀다는 식의 문제다. 그러니까 입력이 y원이고 노트 개수 x가 출력인 셈이다.

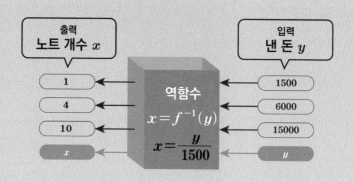

이때 수식은 $x = \dfrac{y}{1500}$ 가 된다. 이렇게 입력과 출력이 뒤바뀐 함수를 역함수라고 부른다.

$f(x)$로 나타내자면, $y = f(x)$에 대해 $x = f^{-1}(y)$로 쓸 수 있다. f^{-1}은 '에프 인버스'라고 읽는다. 이러한 역함수는 x와 y를 바꿔 y를 노트 개수, 금액을 x원으로 해서 $y = f^{-1}(x)$로 나타내는 경우도 있다.

그래프에 익숙해지자

이번에는 함수를 그래프로 나타내는 방법에 대해 설명하겠다.

함수는 1개를 입력하면 출력도 1개가 나오는 상자 같은 것이라고 설명했는데, 그래프에서는 입력을 가로축, 출력을 세로축으로 두고 관계를 시각적으로 나타낸다.

예를 들어 100g에 3,000원인 소고기가 있다. 이때 구입할 소고기의 무게를 x(g), 가격을 y(원)로 놓는 함수를 생각해 보자.

100g에 3,000원, 200g에 6,000원, 500g에 15,000원, 1,000g에 30,000원이므로 아래처럼 점을 찍을 수 있다. 그리고 그 점들을 선으로 연결하면 그림처럼 된다.

실제로 300g일 때는 9,000원, 800g일 때는 24,000원이기 때문에 이 직선의 그래프는 소고기의 양과 가격의 관계를 올바르게 나타내고 있다는 사실을 알 수 있다.

참고로 이 관계를 수식으로 나타내면 $y=3x$가 된다.

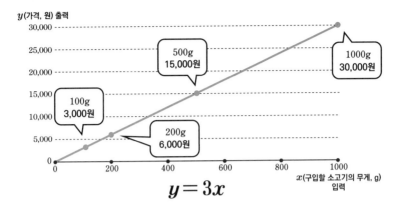

$$y = 3x$$

이번에는 설정을 조금 추가하겠다. 이 가게에서는 고기를 팔 때 용 깃값으로 2,000원을 내야 한다. 이때 소고기의 무게 x(g)와 가격 y(원) 의 관계를 그래프로 나타내면 다음과 같다. 용깃값이 들어가지 않은 그래프를 점선으로 나타냈을 때, 이 그래프를 위로 2,000원만큼 이동 시킨 그래프가 나온다.

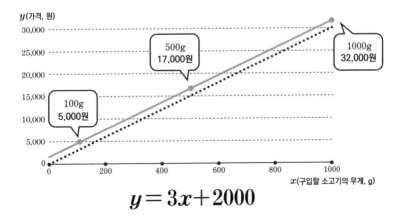

$$y = 3x + 2000$$

이 관계를 수식으로 나타내면 $y = 3x + 2000$이 된다.

설정을 한 번 더 꼬아 보겠다. 원래는 100g에 3,000원이지만, 400g
을 사면 할인해서 10,000원에 준다고 가정해 보자. 이번에는 용깃값이
들지 않는다. 이때 소고기의 무게 x(g)와 가격 y(원)의 관계는 아래와
같다.

복잡하게 느껴질 수 있지만, 이렇게 그래프로 그리면 관계를 파악하
기가 수월하다. 만약에 380g을 사고 싶다면, 400g을 사는 게 더 이득
이라는 사실을 알 수 있다.

이 관계는 수식으로 나타내면 복잡해지니 생략하겠다.

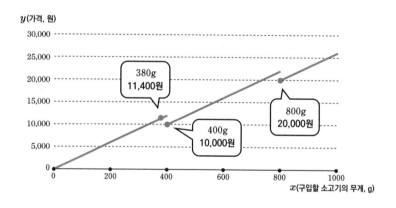

그래프로 그리면 함수를 시각적으로 이해할 수 있다. 비유하자면 수
식은 디지털시계, 그래프는 아날로그시계 같다.

수식이 버거운 사람은 그래프로 그려 보면 이미지를 잡기 쉬워진다. 이 책에서도 되도록 그래프를 사용해서 시각적으로 이해할 수 있게 하겠다.

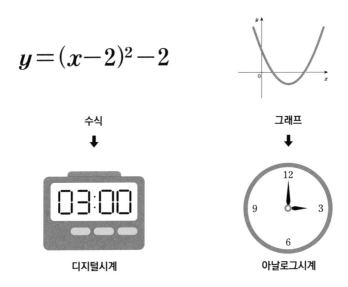

$$y = (x-2)^2 - 2$$

수식

디지털시계

그래프

아날로그시계

여담이지만 세상에는 수식 울렁증이 있는 사람과 수식 의존증이 있는 사람, 이렇게 두 종류가 있다. 하지만 수식 울렁증이 있는 사람이 반드시 수학 자체를 어렵게 생각한다고는 할 수 없다. 수식을 좋아하지 않아도 잘만 활용하는 사람은 분명히 있다.

참고로 나는 너무나도 '수식 울렁증이 있는 사람'에 가깝다. 그런 사람들의 든든한 지원군이 되어 주는 것이 바로 그래프다. 수식이 어렵다면 꼭 그래프를 사용해서 이해해 보자.

수식 만드는 법

초반에 '미래를 예측하기 위해 수식을 쓴다'라는 설명을 했다. 그래서 그 미래를 예측하는 수식은 과연 어떻게 만들까?

여기에는 크게 두 가지 방법이 있다. 하나는 통계를 이용한 방법, 다른 하나는 이 책의 메인 테마인 미분방정식을 활용하는 방법이다.

우선 통계를 이용한 방법부터 설명하겠다. 통계를 내려면 무조건 데이터를 많이 수집해야 한다. 요즘에 자주 귀에 들어오는 빅데이터가 바로 통계를 이용한 수법이다. 그 밖에도 AI(인공지능)의 대부분은 통계를 이용해서 수식을 작성하고 미래를 예측한다.

간단히 예를 들어 보겠다. 어떤 온라인 몰의 하루 방문자 수와 주문 수의 데이터를 수집했다고 하자. 그 결과가 다음의 그림과 같았다.

여기서 가로축의 x는 방문자 수, 그리고 세로축의 y는 주문 수를 나타낸다.

당연하지만 주문 수는 방문자 수만으로 정해지는 것은 아니다. 요일이나 광고 등 다양한 요인이 작용할 것이다. 따라서 방문자 수가 같은 날이라고 해서 주문 수까지 똑같다는 법은 없다. 그래도 방문자 수가

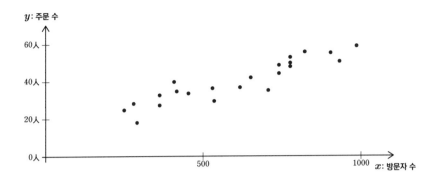

늘어나면 주문 수도 늘어난다는 것이 시각적으로 보일 것이다.

실제로 방문자 수와 주문 수의 분포를 살펴보면, 방문자 수가 늘어날수록 주문 수가 늘어났다는 사실을 알 수 있다. 그래서 이렇게 직선을 그어 봤다.

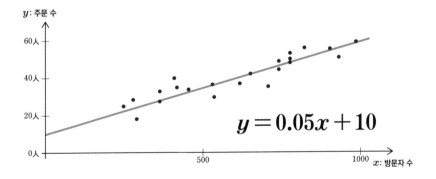

$$y = 0.05x + 10$$

물론 오차는 있겠지만, 점들이 대부분 직선을 따라 분포되어 있는 모습이 그래프에 나타난다. 직선을 그을 때는 오차를 최소한으로 줄이는 최소제곱법을 쓴다.

여기서 이 직선을 $y=0.05x+10$으로 나타냈다고 하자. 이 직선의 기울기는 0.05이다. 잘 보면 방문자가 20명 늘어났을 때 주문이 1건 발생한다는 사실을 알 수 있다.

단순한 이야기이지만, '방문자 수가 800명이면 주문은 얼마나 들어올까?'라는 질문은 미래의 일이라서 보통은 알 수가 없다. 하지만 수식을 알면 '주문 50건 정도'라는 예측이 가능하다. 그야말로 미래 예측이다.

이처럼 데이터만 아무리 뚫어져라 쳐다봐도 미래 예측을 할 수는 없다. 하지만 데이터를 수식으로 나타내면, 미래를 예측할 수가 있다. 이것이 수식의 힘이다.

이 방법은 과학뿐 아니라 사회과학 등 넓은 분야나 복잡한 문제에도 적용할 수 있다. 메커니즘이 예상되지 않는 복잡한 문제도 입력과 출력 데이터만 있으면 수식을 만들 수 있다. 하지만 오차도 크고, 무엇보다 이 식을 얻기 위해 어마어마한 양의 데이터가 필요하다.

실제로 AI는 '어노테이션'이라고 해서 방대한 양의 데이터를 사용해 학습시킨다. 게다가 그 많은 작업을 대부분 사람 손으로 한다. 만약 신호기를 신호기로 인식하게 하려면 수많은 데이터를 사용해서 학습시키는 것이다. AI라고 하면 왠지 똑똑할 것 같은 이미지가 있는데, 데이터를 모아서 학습시키는 작업은 정말이지 중노동이다.

이게 바로 통계를 내서 '미래를 예측하는 수식'을 만드는 방법이다. 통계를 내서 수식을 만드는 것은 방대한 데이터가 있을 때 가능하다. 아래 그림처럼 수많은 데이터 너머에 수식이 있다.

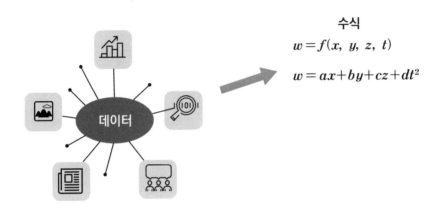

이 책에서 주로 다루는 '미분방정식'을 사용한 방법도 있다. 따지자면 통계를 내는 방법과는 정반대로, 우두머리를 보고 '미래를 예측하는 수식'을 만드는 방법이다.

여기서 우두머리가 되는 것이 '미분방정식'이라 불리는 것이다. '방정식'이라고 하면 중학교나 고등학교에서 배웠던, 다음의 그림과 같은 1차 방정식이나 2차 방정식을 떠올리는 사람들이 많을 것이다. 이 방정식은 '숫자'가 해가 된다.

그러나 '미분방정식'은 중학교에서 배운 1차 방정식이나 2차 방정식과는 근본적으로 다르다. 같은 '방정식'이지만, 미분방정식은 '숫자'가 아닌 '함수'가 해이기 때문이다.

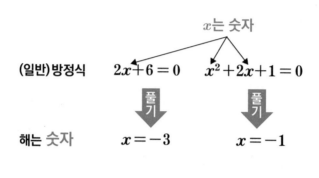

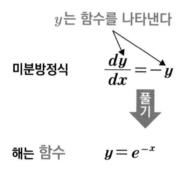

함수란 앞서 설명했듯이 입력 숫자를 주면 출력을 얻을 수 있는 상자 같은 것이었다. 예를 들어 $y=x^2+3x+5$와 같은 수식도 함수이다. 따라서 미분방정식은 식을 만들어 내는 것이라고도 생각할 수 있는 것이다.

지금까지 수식은 미래를 예언하는 예언자라고 설명해 왔다. 그렇게 생각하면 미분방정식은 그 수식을 만들어 내는 '예언자의 우두머리'라고 볼 수도 있겠다.

예를 들어 전류나 전압의 세계에서 우두머리는 다음과 같이 '맥스웰 방정식'이라 불리는 미분방정식이다. 거기서 전류나 전압을 나타내는 수식을 얻을 수 있는 것이다.

맥스웰 방정식(미분방정식)

$$\begin{cases} \nabla \cdot B(t,\ x) = 0 \\[2mm] \nabla \times E(t,\ x) = -\dfrac{\partial B(t,\ x)}{\partial t} \\[2mm] \nabla \cdot D(t,\ x) = \rho(t,\ x) \\[2mm] \nabla \times H(t,\ x) = j(t,\ x) + \dfrac{\partial D(t,\ x)}{\partial t} \end{cases}$$

수식(함수)

$$I_C = \frac{is}{QB}(e^{\frac{V_{BE}}{nf V_t}} - e^{\frac{V_{BC}}{nr V_t}}) - I_{CB}$$

$$I_B = \frac{is}{bf}(e^{\frac{V_{BE}}{nf V_t}} - 1) - ise(e^{\frac{V_{BE}}{ne V_t}} - 1)I_{CB}$$

그리고 함수를 전부 다 수식으로 나타낼 수 있는 것은 아니다. 예를 들어 t초 후의 자동차 위치 $x(m)$를 나타내는 함수 $x = f(t)$는 보통 깔끔한 수식으로 표현할 수는 없지만 엄연한 함수이다. 이 함수를 알면

107

자동차의 위치를 예측할 수 있는 것이다.

　물리의 세계에서는 종종 '방정식이 세상을 지배한다'라는 표현을 쓴다. 그런데 여기서 말하는 '방정식'이란 미분방정식을 말하는 것이지, 중학교나 고등학교에서 배우는 방정식과는 다르다는 사실을 알아두길 바란다.

시뮬레이션에는
미분방정식이 따라다닌다

시뮬레이터라는 말을 들어본 적이 있는가. 시뮬레이터란 '실제 조건을 재현하는 장치'를 말한다. 대부분의 시뮬레이터는 미분방정식을 쓴 미래 예측 수단을 사용한다.

예를 들어 전자회로 시뮬레이터에서는 전기나 자기의 기본이 되는 미분방정식(앞서 소개한 맥스웰 방정식)으로 회로에 흐르는 전류나 전압의 식을 만든다. 이 식으로 전기의 움직임을 정확히 예측할 수 있기 때문에 반도체나 전자회로 설계가 가능한 것이다.

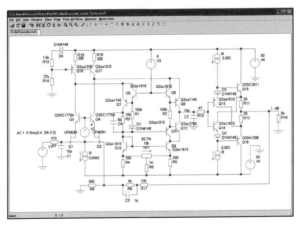

https://www.cqpub.co.jp/hanbai/books/38/38311/SIMetrix_1.gif

그 밖에도 항공기나 전철 시뮬레이터도 있다. 얼핏 게임처럼 보이지만, 파일럿이나 조종사 훈련에도 사용될 정도로 현실을 정확히 재현한다. 예를 들어 바람의 세기나 엔진 출력을 보고 비행기의 움직임을 실제와 거의 똑같이 재현할 수 있는 것이다.

플라이트 시뮬레이터

항공기는 보통 안전해서 위험한 상황에 빠지는 일이 거의 없다. 하지만 파일럿은 만일에 대비해서 위기 상황을 모면하는 훈련이 필요하다. 그래서 시뮬레이터로 위험한 상황을 만들어서 위험 회피 훈련을 하는 것이다.

비행기 시뮬레이터에서는 유체역학이라 불리는 분야의 미분방정식을 풀어서 비행기의 움직임을 나타내는 수식을 만든다. 그 수식이 이렇게 현실적인 세계를 그려내는 것이다.

또한 자동차의 안전 설계를 할 때는 실제로 사고를 일으켜서 실험해야 한다. 그런데 이 실험을 하려면 자동차 한 대를 부수게 되는 것은 물론, 인간이 입을 피해를 알기 위해 값비싼 인형을 준비하는 등 막대한 돈과 시간이 든다.

출처: 토요타 자동차의 가상 인체 모델 'THUMS'

출처: 가가 솔넷 주식회사 홈페이지

그러나 미분방정식을 푸는 시뮬레이터가 발달하면서 충돌 실험도 대부분 시뮬레이터가 대신하게 되었다. 시뮬레이터는 이렇게 과학 기술 발전에 기여한다.

그 밖에도 화학 반응, 날씨, 사회 현상, 경제 분야까지 시뮬레이터의 역할은 폭이 넓어지고 있다. 따라서 미분방정식을 신속 정확하게 푸는 기술의 발전은 연비가 좋고 강력한 엔진을 개발하는 것이나 가볍고 튼튼한 건축 소재를 만드는 것처럼 가치가 있다.

과학 기술을 보좌하는 미분방정식

이제부터 미분방정식을 몇 가지 소개하겠다. 매우 어려운 수식도 나오지만 완벽하게 이해할 필요는 없다. 미분방정식의 본질에 대해서는 설명하지 않았으니 그림을 보는 느낌으로만 봐도 충분하다. '이런 것도 있구나' 정도로 보고 넘어가길 바란다.

먼저 소개할 것은 뉴턴의 운동방정식인데, 앞에서 설명했던 속력과 시간과 거리의 관계가 모두 들어 있는 미분방정식이다. 다시 말해 이 미분방정식을 풀면, 어떤 시간에 물체가 어디에 있고 속력은 어떤지 나타내는 함수를 얻을 수 있다.

작은 모래 알갱이의 운동부터 큰 천체의 운동까지, 온 세상 모든 것들을 표현하는 미분방정식이다. 이 방정식에 대해서는 Chapter 6에서도 자세히 소개할 테니 참조하자.

$$F = ma = m\frac{d^2x}{dt^2}$$

뉴턴의 운동방정식

다음으로 전기 분야의 맥스웰 방정식은 전장이나 자장의 움직임을 나타내는 미분방정식인데, 이 식을 풀면 전류나 전압을 나타내는 함수를 얻을 수 있다. 우리 주변의 모든 전기 기기나 반도체 등의 전기 회로를 설계해 주기 때문에 현대 사회에 없어서는 안 될 미분방정식이라고 할 수 있다.

$$
\begin{cases}
\nabla \cdot B(t,\ x) = 0 \\[2mm]
\nabla \times E(t,\ x) = -\dfrac{\partial B(t,\ x)}{\partial t} \\[2mm]
\nabla \cdot D(t,\ x) = \rho(t,\ x) \\[2mm]
\nabla \times H(t,\ x) = j(t,\ x) + \dfrac{\partial D(t,\ x)}{\partial t}
\end{cases}
$$

맥스웰 방정식

다음으로 나비에-스토크스 방정식은 유동체의 흐름을 나타낸다. 이 방정식을 풀면 물이나 공기 등의 흐름을 나타내는 함수를 얻을 수 있다. 냉각용 물이나 공기의 흐름을 해석하거나 날씨 해석, 비행기의 움직임 해석에도 사용되는 방정식이다.

$$
\rho\left\{\frac{\partial v}{\partial t} + (v \cdot \nabla)v\right\} = -\nabla p + \mu \nabla^2 v + \rho f
$$

나비에-스토크스 방정식

다음으로는 파의 움직임을 나타내는 파동방정식이다. 이 방정식을 풀면 파의 전반(전기 에너지를 전파하는 것-옮긴이)이나 반사를 나타내는 식을 얻을 수 있다. 이 세상에는 곳곳에 '파'가 흘러넘치는데, 친숙한 것으로는 전파나 음의 해석에 사용된다. 따라서 이 방정식이 없으면 휴대전화도 쓰지 못한다.

그리고 지진 역시 파의 일종이라서 지진 예측 시스템에도 이 미분방정식이 사용된다.

$$\frac{\partial^2 u}{\partial t^2} = v^2 \, \frac{\partial^2 u}{\partial x^2}$$

파동방정식

다음은 확산의 상태를 나타내는 확산 방정식이다. 이 방정식을 풀면 확산으로 생긴 물질의 변화를 나타내는 함수를 얻을 수 있다.

확산이란 왠지 귀에 익지 않은 현상인데, 열이 전달되는 것이 바로 확산이다. 특히 전기 기기나 엔진의 냉각 설계에 반드시 필요한 미분방정식이라고 할 수 있다.

$$\frac{\partial u(x,\ t)}{\partial t} = \kappa \, \frac{\partial^2 u(x,\ t)}{\partial x^2}$$

확산 방정식

다음은 스케일이 매우 큰데, 바로 우주의 움직임까지 나타내는 아인슈타인 방정식이다.

누구나 블랙홀은 들어봤을 것이다. 블랙홀은 중력이 무척 강해서 시공간을 뒤틀어 빛조차도 가둔다고 하니 정말 무시무시하다.

그런데 신기하지 않은가? 그런 걸 과연 어떻게 알았을까? 우리는 블랙홀을 직접 사용해서 실험할 수 없으므로 수학과 미분방정식의 힘을 빌려 분석하는 수밖에 없다. 그런 우주의 움직임을 나타내는 방정식이 이 아인슈타인 방정식인 것이다.

이 방정식은 지금까지 나온 방정식들과 비교도 되지 않을 정도로 어렵다. 계수부터가 일반 숫자가 아니라 '텐서'라는 것인데, 연립 미분방정식의 형식으로 쓴다.

이 미분방정식을 풀어서 얻을 수 있는 함수는 우주나 블랙홀, 빅뱅 등 인간이 느낄 수 없는 것들의 움직임을 우리에게 보여준다. 이게 바로 미적분의 힘이다.

$$R_{\mu\nu} - \frac{1}{2} R g_{\mu\nu} + \Lambda g_{\mu\nu} = \frac{8\pi G}{c^4} T_{\mu\nu}$$

아인슈타인 방정식

마지막으로 블랙-숄즈 방정식이다. 이 방정식은 지금까지 소개한 미분방정식과 달리 과학 기술 분야가 아닌 경제 분야에서 사용된다.

확률 미분방정식이라고도 불리는데, '확률'을 표현하는 것이 특징이다. 예를 들어 주식의 시세는 변화무쌍하게 변동하기 때문에 이것들을 해석하는 미분방정식에는 확률적인 요소를 식에 넣어야 한다. 그것을 표현할 수 있는 미분방정식이다.

이 방정식은 주가 변동 해석, 그리고 보험료나 옵션이라 불리는 금융 상품 설계에도 사용된다. 미적분은 경제 분야에서도 반드시 필요한 도구이다.

$$rC = \frac{\partial C}{\partial t} + \frac{1}{2}\sigma^2 S_t^2 \frac{\partial^2 C}{\partial S_t^2} + rS_t \frac{\partial C}{\partial S_t}$$

블랙-숄즈 방정식

이제부터 기본적인 일차함수부터 시작해서 이차함수, 고차 함수, 지수함수를 소개하겠다. 수식이 어려운 사람들은 그래프를 보고 특징 파악에 주력하길 바란다.

고등학교에서 배우는 대수함수와 삼각 함수의 성질도 뒤에서 설명할 예정이니, 더 알고 싶다면 Chapter 7을 참조하길 바란다.

일차함수

일차함수는 그래프가 직선이며 함수의 기본이다.

수식은 $y=2x+1$과 같은 형태인데, 일반화하면 $y=ax+b$(a, b는 정수이고 a는 0이 아니다)로 나타낸다. 이때 a를 기울기, b를 절편이라고 한다.

이 a와 b, 특히 직선의 기울기 a는 일차함수의 특징을 나타낼 때 매우 중요하다. 기울기 a는 x가 1 늘었을 때 얼마나 증가했는지를 나타내는데, 앞서 나온 예시에서 x가 살 노트 개수이고 y가 합계 금액이라고 했을 때 기울기는 노트 한 권의 가격을 나타낸다. 그리고 y절편 b는 입력(x)이 0일 때의 출력(y)값을 나타낸다.

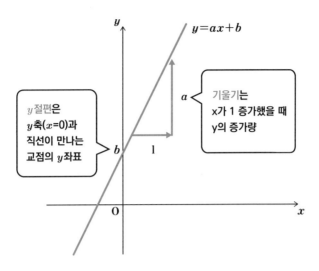

이차함수

이차함수는 아래와 같이 그래프가 포물선을 그린다. 말 그대로 사물을 던졌을 때 나타나는 궤도가 이차함수로 표현되기 때문에 물리의 세계에서도 자주 등장하는 함수이다.

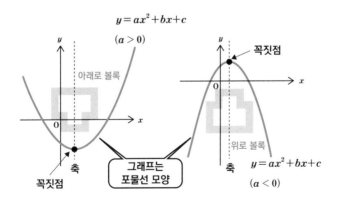

수식은 $y = x^2 + x + 3$처럼 쓰고, 일반화하면 $y = ax^2 + bx + c$(a, b, c는 정수이고 a는 0이 아니다)로 나타낸다. 이때 x^2의 계수 a가 양수면 '아래로 볼록'이 되고, a가 음수면 '위로 볼록'이 된다.

또한 포물선에서 최솟값이나 최댓값을 취하는 점을 '꼭짓점'이라고 부른다. 꼭짓점은 자주 쓰는 말이니 꼭 기억하자.

고차 함수

x의 n제곱 수식의 합으로 나타내는 함수 중에서는 일차함수나 이차함수가 자주 쓰인다. 하지만 최고 차수가 3 이상인 함수가 쓰일 때도 있다.

예를 들어 최고 차수가 3차일 때는 3차 함수, 최고 차수가 6차일 때는 6차 함수라고 부른다. 수식은 3차 함수일 때 $y = ax^3 + bx^2 + cx + d$(a, b, c, d는 정수이고 a는 0이 아니다)로 나타낸다.

그런데 도대체 왜 최고 차수에만 눈길을 주는지 이상할 것이다. 그 이유는 최고차항의(x가 변화했을 때의) 증가나 감소가 가장 빠르기 때문이다.

다음 그래프에서는 $y = x^6$과 $y = x^4$과 $y = x^2$의 곡선을 포갰다. 차수가 높아질수록 증가나 감소 속도가 빨라진다는 것을 알 수 있다.

또한 고차 함수는 일반적으로 차수가 높아지면 구불구불 휜다. 예를 들어 3차 함수는 일반적으로 극값이라 불리는 점(함수가 증가에서

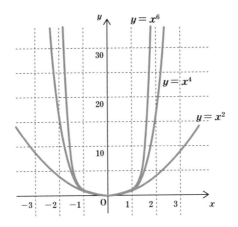

감소, 또는 감소에서 증가로 변하는 점)을 2개, 4차 함수는 3개 취한다. 이처럼 차수가 하나 늘어날 때마다 극값도 커지기 때문에 구불구불 휘는 것이다.

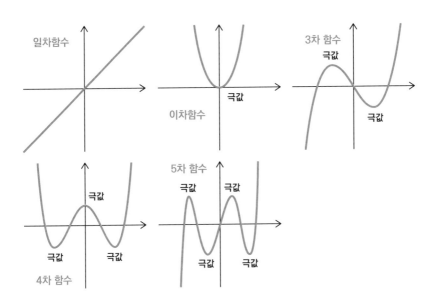

지수함수

지수란 '2^5'처럼 어떤 수의 오른쪽 위에 올라가 있는 숫자를 말한다. 이것은 그 수를 곱하는 횟수를 나타내는데, 예를 들어 2^5라면 $2 \times 2 \times 2 \times 2 \times 2$로 2를 5번 곱한 수를 나타내고, 2^3이라면 $2 \times 2 \times 2$로 2를 3번 곱한 수를 나타낸다.

이때 $y=2^x$라는 함수, 설명하자면 입력 x가 2를 곱한 횟수이고 y가 그 값이 되는 함수를 지수함수라고 부른다(x가 분수이거나 음수일 때의 함숫값에 대해서는 Chapter 7에서 설명했으니 참조하자).

예를 들어 아래와 같이 3마리씩 새끼를 낳는 생물이 있다고 가정하자. 이때 x번째 세대의 개체수 y는 $y=3^x$로 나타낸다.

사실 세상에는 이렇게 지수함수의 사고법으로 변화하는 관계가 많이 존재하는데, 수학을 응용할 때 자주 쓰는 함수이다.

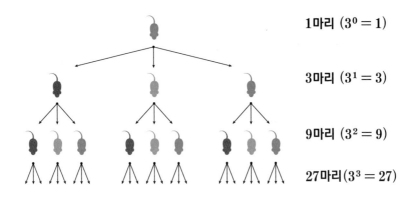

1마리 $(3^0 = 1)$

3마리 $(3^1 = 3)$

9마리 $(3^2 = 9)$

27마리 $(3^3 = 27)$

$y=2^x$의 그래프는 다음과 같고, $x=1$일 때 $y=2$, $x=2$일 때 $y=4$, $x=3$일 때 $y=8$, $x=5$일 때 $y=32$로 증가한다. 이 지수함수는 매우 빠르게 증가하는 함수인데, 아무리 차수가 높은 고차 함수보다도 증가 속도가 더 빠르다.

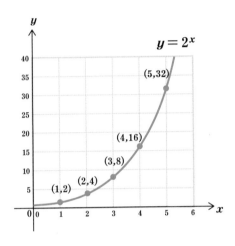

대수 그래프 읽는 법

앞에서 설명했듯이 지수함수는 세상에 많이 존재한다. 이 지수함수처럼 변화하는 관계를 그래프로 그릴 때는 '대수 그래프'가 쓰이는데, 이 그래프에 익숙해져야 한다.

신문지 접기에 대수 그래프가 잘 나타나 있다. 신문지의 두께는 약 0.1mm이다. 이걸 한 번 접으면 두 배인 0.2mm가 된다. 나아가 두 번 접으면 0.4mm, 세 번 접으면 0.8mm가 된다. 그럼 이 신문지를 25번 접으면 두께는 얼마가 될까?

'30cm 정도 아닐까?' '혹시 1m 정도 되나?'

보통은 이 정도의 숫자를 상상하지 않을까? 하지만 결과는 상상을 초월한다. 25번을 접으면 약 3,355m. 후지산 높이가 3,776m이니 그와 견줄 정도의 두께가 나온다.

이 변화를 그래프로 나타내면 다음과 같다. 보면 알겠지만, 20번 정도까지는 거의 0에 붙어 있어 변화가 거의 없는 것처럼 보인다. 실제로는 두께가 점점 늘고 있긴 하지만 말이다.

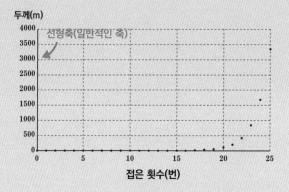

여기서 자주 쓰이는 것이 '대수 그래프'이다. 두께와 접은 횟수를 대수 그래프로 그리면 아래와 같고, 0부터 25까지 곧게 증가하는 직선을 확인할 수 있다. 그래서 두께 변화가 잘 보일 것이다.

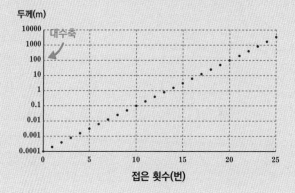

이 축은 세로축이 '대수축'으로 된 그래프이다. 대수축이란 무엇일까? 이 축의 눈금을 자세히 보면, 0.01, 0.1, 1, 10으로 10배씩 커져 있는 걸 확인할 수 있는데, 일반적인 축과는 매우 다르다.

우리가 흔히 쓰는 일반 축에서는 등거리의 눈금 차이가 똑같게 만들어져 있다. 예를 들어 1,000과 2,000 사이, 2,000과 3,000 사이처럼 말이다.

그런데 대수축에서는 눈금의 비율이 같은 숫자가 등거리가 된다. 여기서는 1과 10 사이의 거리, 100과 1,000 사이의 거리가 같은 셈이다.

대수축은 비율이 같아야 간격이 같아지는 축이다. 대수축 위의 눈금을 1부터 100까지 그려서 아래에 나타냈다.

비율이 10배일 때 눈금이 같다고 앞서 설명했는데, 비율이 2배(예컨대 1부터 2, 2부터 4, 4부터 8, 그리고 20부터 40)인 경우도 거리가 같다. 3배(예를 들어 1부터 3, 3부터 9, 30부터 90) 역시 등거리이다.

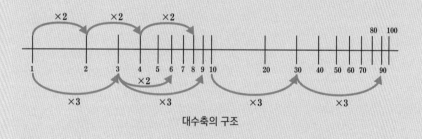

대수축의 구조

이러한 대수축은 우리 주변에도 많이 있으니 유의해서 찾아보자.

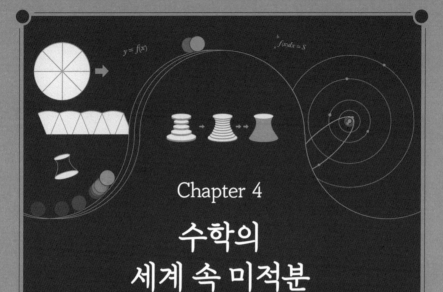

Chapter 4

수학의
세계 속 미적분

Chapter 1과 2에서는 미적분의 본질을 수식 없이 설명했고, Chapter 3 에서는 수식의 힘, 그리고 수식 사용에 앞서 알아둬야 할 기초에 대해 이야기했다. 수식이 얼마나 대단한지 느껴졌는가?

이번 챕터에서는 수식을 미분하고 적분하는 구체적인 방법을 알아보자.

적분으로 넓이 구하기

앞서 적분은 넓이를 구하는 '엄청난 곱셈'이라고 설명했다. 수식에 대해 설명했으니, 다시 한번 수식으로 넓이를 구하는 이야기를 짚고 넘어가자.

먼저 아래 그래프처럼 일차함수 $y = x + 1$이 있다. 이 수식은 어떻게 적분을 할까? 여기서 말하는 넓이란 x축과 함수 $y = x + 1$로 둘러싸인 부분을 말한다.

그런데 넓이를 구하려면 범위가 필요하다. 여기서는 x의 값이 1부터 3인 범위에서 적분을 하도록 하자.

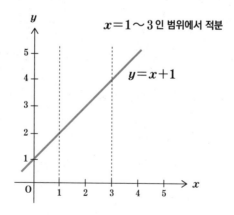

이 도형의 넓이는 간단히 계산할 수 있다. 다음 그림과 같이 사각형과 삼각형으로 나누면 된다. 사각형은 x축 방향의 길이가 2이고 y축 방향의 길이가 2, 다시 말해 정사각형이므로 넓이는 4이다. 그리고 위의 삼각형은 밑변이 2이고 높이가 2이므로 밑변×높이÷2로 구할 수 있다. 따라서 이 도형의 넓이는 둘을 합쳐 6이다.

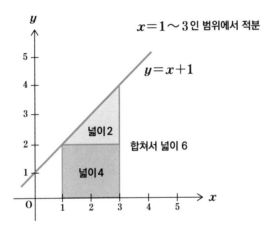

즉, 이 일차함수 $y=x+1$을 x가 1부터 3까지의 범위에서 적분하면, 그 값은 6이 되는 것이다.

나중에 자세히 설명하겠지만, 이 계산을 수학적으로 표기하면 아래와 같다. 이렇게 보면 그렇게 어려워 보이던 적분의 기호가 무슨 뜻인지도 보일 것이다.

$$\int_{1}^{3}(x+1)dx=6$$

→ 함수 $y=x+1$(x는 1~3까지)과 x축이 만드는 도형의 넓이는 6

이번에는 이차함수의 적분이다. $y = x^2$이라는 함수를 x의 값이 1부터 3까지의 범위 안에서 적분해 보자. 다음 그림에 표시한 영역의 넓이를 계산하는 것이다.

일차함수일 때는 직선으로 이루어진 도형이라 초등학생들도 풀 수 있는 문제였다. 그런데 이차함수(포물선)로 둘러싸인 도형의 넓이는 구하기가 꽤나 까다로워 보인다.

과연 어떤 방법으로 구해야 할까?

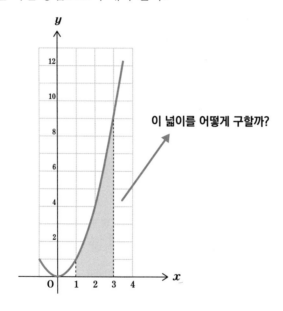

이 넓이를 어떻게 구할까?

눈치챘겠지만, 이렇게 넓이를 구하는 기술이 바로 적분이다.

이제부터 테크닉을 설명할 텐데, 그러려면 미분과 도함수라는 개념을 먼저 이해해야 한다. 우선 미분부터 시작하겠다.

미분으로 기울기 구하기

미분에 대해 알아보자. 미분은 기울기를 구하는 '엄청난 나눗셈'이라고 앞서 설명했다. 이번에는 적분에서 했던 것처럼 먼저 간단한 함수로 기울기를 구해 보겠다.

먼저 일차함수인데, $y = 2x + 1$이라는 함수를 미분하려고 한다.

미분은 어느 한 점에서 기울기가 얼마인지 구하는 것이다. 여기서는

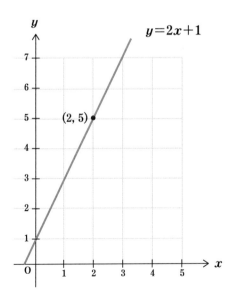

$x=2$일 때, 그러니까 (2, 5)라는 점에서 이 함수를 미분하기로 하자. 이 기울기의 값을 조금 어려운 용어로 '미분계수'라고 부른다.

x가 1 늘었을 때 y의 증가량이 기울기였다. $y=2x+1$이라는 함수의 기울기는 2니까, x가 1 늘어날 때 y가 2 늘어났다는 뜻이다. 그리고 이 함수는 직선이기 때문에 이 위에 있는 점에서의 기울기는 모두 똑같다. 예를 들어 x가 1에서 2로 늘어났을 때의 기울기나, x가 2에서 3으로 늘어났을 때의 기울기나 똑같이 2다.

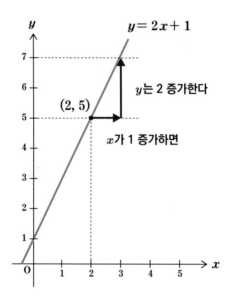

$x=2$일 때도 기울기는 2가 되므로 이 일차함수를 $x=2$에서 미분하면 2가 되는 것이다.

나중에 자세히 설명하겠지만, 이 계산을 수식으로 나타내면 다음과 같다. 이 일차함수를 $f(x)=2x+1$로 두었다.

「′」가 있는 것에 주의

$$f(x) = 2x+1 \quad \xrightarrow{\text{미분}} \quad f'(x) = 2 \quad (f'(2) = 2)$$

$x=2$일 때 기울기는 2

이때 미분한 값은 어느 x에서든지 2가 된다. $f'(x)=2$로 함수가 x에 따라 달라지지 않는다는 게 이상해 보이지만, 이것은 어떤 x를 넣어도 2가 되는 정수 함수라고 한다. 물론 $x=2$일 때 $f'(2)=2$가 된다.

간단한 일차함수를 뒤로 하고 이번에는 이차함수를 살펴보겠다. $y=x^2$라는 함수를 $x=2$에서 미분해 보자.

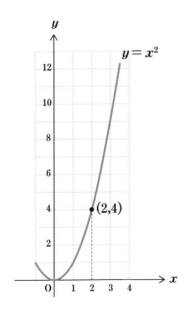

그래프로 그리면 $x=2$일 때, 다시 말해 점(2, 4)에서 미분하는 것이다. 이 점에서 기울기는 아래 그림처럼 $x=2$일 때 포물선과 접하는 직선의 기울기가 된다. 이 기울기를 구하려면 어떻게 해야 할까?

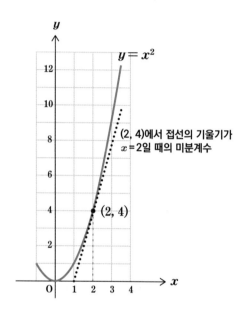

여기서 곡선과 직선이 접한다는 게 대체 뭔가 싶은 사람도 있을 것이다. 곡선과 직선이 접한다는 것은 다음의 그림처럼 부드러운 곡선과 직선이 한 점만을 공통으로 가진 상태를 말한다.

접하는 상태가 되려면 직선의 기울기가 중요하다. 접하는 기울기가 살짝 크거나 살짝 작아도 직선과 곡선은 두 점에서 만나기 때문이다. 이렇게 한 점에서만 만나는 상태를 '접한다'라고 부른다.

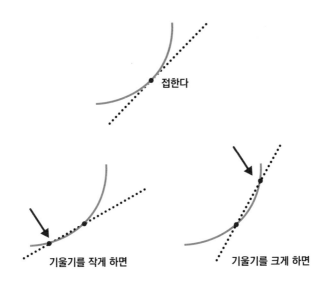

접한다

기울기를 작게 하면

기울기를 크게 하면

모두 두 점에서 만나게 된다

본론으로 돌아가 $y=x^2$에서 $x=2$일 때의 기울기를 구하기란 간단하지 않을 듯하다. 일단 일차함수와 똑같은 방법으로 구해 보겠다. 예를 들어 x가 1에서 2로 늘었을 때의 직선 기울기는 3이고, x가 2에서 3으로 늘었을 때의 직선 기울기는 5이다. 그렇다면 $x=2$일 때는 접선의 기울기가 그 중간 수치가 될 것 같은데, 이것만으로는 구할 수 없다.

일차함수의 경우는 어느 점에서든 기울기가 다 똑같았지만, 이번에는 그렇게 호락호락하지 않다.

이차함수를 미분하려면, 그러니까 $x=2$일 때 접선의 기울기를 구하려면 어떻게 해야 할까? 눈치챘겠지만, 이 기울기를 구하는 기술이 바로 미분이다.

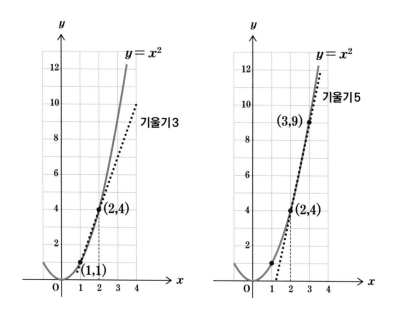

도함수란 '기울기의 함수'

적분이란 넓이를 구하는 것이고, 미분이란 기울기를 구하는 것이다. 그리고 지금까지 알아본 것처럼 일차함수는 미분과 적분 모두 간단하지만, 이차함수는 간단하지 않았다.

여기서는 먼저 미분의 기술에 대해 설명하려고 한다.

결론부터 말하자면 이차함수처럼 단순한 함수라면 도함수라 불리는 함수가 존재한다. 그리고 그 도함수가 기울기, 즉 미분계수를 나타낸다.

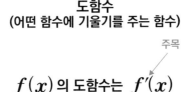

도함수
(어떤 함수에 기울기를 주는 함수)

주목

$$f(x) \text{의 도함수는 } f'(x)$$

앞서 나온 $f(x)=x^2$에서 $x=2$일 때 미분계수는 다음과 같이 구한다.

$f(x)=x^2$의 도함수 $f'(x)$는 $f'(x)=2x$이다. 여기서 도함수는 $f(x)$에 ′(프라임)을 붙여서 나타낸다는 것에 주의하자.

137

그리고 $f'(x)=2x$라면, 이 식에 $x=2$를 대입한 값 $f'(2)$는 4가 된다. 정리하자면, $y=x^2$에서 $x=2$일 때 접선의 기울기(미분계수)는 4이다.

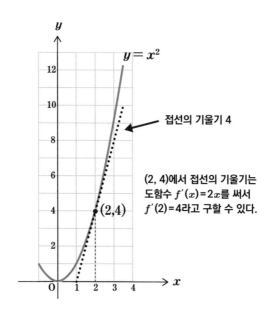

$y=x^2$

접선의 기울기 4

(2, 4)에서 접선의 기울기는
도함수 $f'(x)=2x$를 써서
$f'(2)=4$라고 구할 수 있다.

$(2,4)$

참고로 이 도함수는 온갖 값에서 쓸 수 있다. 예컨대 $y=x^2$에서 $x=1$일 때 기울기는 $f'(x)=2x$에 $x=1$을 넣어서 $f'(1)=2$라고 구할 수 있다. 마찬가지로 $x=3$일 때의 기울기는 $f'(3)=6$으로 계산할 수 있다.

뜬금없이 도함수라는 말이 나와서 당황할 수도 있는데, 도함수란 어떤 함수에 기울기를 주는 함수이다. '그런 함수를 어떻게 구하지?'라는 의문이 들겠지만, 나중에 설명할 테니 일단 이 사실을 곧이곧대로 받

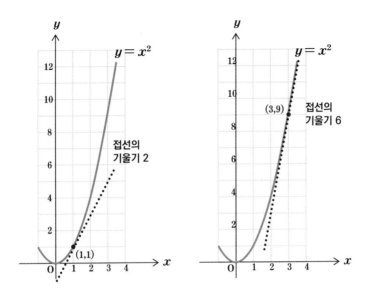

아들이자.

도함수는 $f(x)=x^3$ 등의 멱함수일 때, $f(x)=x^n$의 도함수 $f'(x)$는 $f'(x)=nx^{n-1}$라는 식으로 구한다. 그러므로 $f(x)=x^3$이라면 도함수는 $f'(x)=3x^2$이 되는 것이다. 그리고 $f(x)=5$ 등의 정수 함수는 x의 값에 따라 변동하지 않는다. 다시 말해 기울기가 0이므로 $f'(x)=0$이 된다.

익숙해져야 하니 구체적인 예시를 좀 더 살펴보자. 미분이나 멱함수라는 말 자체가 어렵게 느껴질 텐데, 법칙만 알면 초등학생도 풀 수 있다는 걸 계산 과정에서 알 수 있을 것이다.

이렇게 어떤 함수의 도함수를 구하는 것을 수학 용어로 '(함수를) 미분한다'라고 한다.

$$f(x) = x^n \text{라면,} \qquad \text{이 도함수는} \qquad f'(x) = nx^{n-1}$$

$$f(x) = x^3 \qquad \xrightarrow{\text{미분}} \qquad f'(x) = 3x^2$$

$$f(x) = 3x^2 + 5 \qquad \xrightarrow{\text{미분}} \qquad f'(x) = 6x$$

$$f(x) = 5x^4 + 4x^3 + 6 \xrightarrow{\text{미분}} f'(x) = 20x^3 + 12x^2$$

여기서는 기울기를 주는 도함수가 도출되는 과정에 대해서는 설명하지 않았다. 자세한 설명은 다음 챕터를 보자.

하지만 구하는 방법보다 '도함수는 기울기를 나타낸다'라는 사실이 훨씬 더 중요하므로, 먼저 '도함수는 기울기의 함수'라는 인식만 확실히 가지면 된다. 그것이 미적분 공략의 지름길이다.

오른쪽에 함수와 그 도함수의 관계를 그래프로 나타냈다. 도함수는 '기울기의 함수'라는 사실을 시각적으로도 그릴 수 있어야 한다.

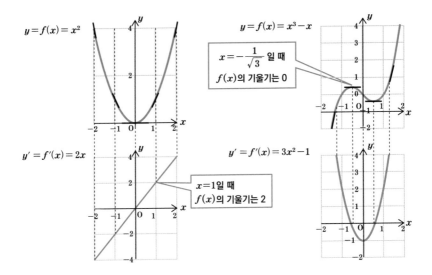

$y = f(x) = x^2$

$y = f(x) = x^3 - x$

$x = -\dfrac{1}{\sqrt{3}}$ 일 때
$f(x)$의 기울기는 0

$y' = f'(x) = 2x$

$y' = f'(x) = 3x^2 - 1$

$x = 1$일 때
$f(x)$의 기울기는 2

적분은 미분의 역연산

앞에서 '도함수는 기울기의 함수'라는 말을 귀에 딱지가 생길 정도로
강조했다. 그런데 그만큼 반복하는 이유는 정말 중요하기 때문이다.
다른 건 다 잊어버려도 '도함수는 기울기의 함수'라는 사실만은 잊지
말도록 하자.

이것만 이해됐다면 미분 구조의 중요한 부분은 이해됐을 것이다. 이
제 다음 단계로 넘어가자. 적분 계산을 할 때는 '적분은 미분의 역연산'
이라는 사실이 필요하다. 말하자면 곱셈과 나눗셈의 관계처럼 적분과
미분 역시 서로 반대의 연산이다.

지금까지 나온 '도함수는 기울기의 함수'와 '적분은 미분의 역연산',
그리고 '원시함수는 넓이의 함수'를 이해했다면, 고등학교 수준의 미적
분 구조는 거의 완벽하다고 볼 수 있다.

$f(x)$의 역함수 $f'(x)$를 구하는 것이 미분이라고 했다. 그리고 미분해
서 얻을 수 있는 도함수는 기울기의 함수다.

적분에도 똑같은 관계가 있는데, 미분보다 살짝 복잡하다. 사실 적

분에는 2가지 의미가 있다. 첫 번째는 정적분이라고 하여 넓이를 구하는 것이고, 두 번째는 부정적분이라고 하여 '넓이의 함수'를 구하는 것이다.

정적분에서 함수를 적분하여 얻을 수 있는 것은 '넓이'라는 숫자이다. 반면 부정적분에서는 함수를 적분하면 함수를 얻을 수 있다.

적분의 2가지 의미

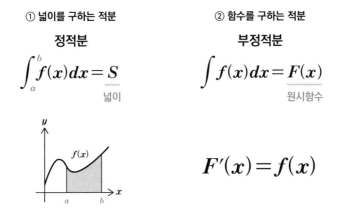

① 넓이를 구하는 적분

정적분

$$\int_a^b f(x)dx = S$$

넓이

② 함수를 구하는 적분

부정적분

$$\int f(x)dx = F(x)$$

원시함수

$$F'(x) = f(x)$$

지금까지 '적분'이라는 말을 넓이를 구한다는 의미(정적분)로 사용했는데, 여기서는 '넓이의 함수'를 구한다는 의미(부정적분)에서 적분이라는 말을 쓴다.

어떤 함수 $f(x)$를 (부정)적분하면, 넓이의 함수 $F(x)$를 얻을 수 있다. 이 $F(x)$를 원시함수라고 부른다.

그리고 원시함수 $F(x)$를 미분하는 성질, 그러니까 $F(x)$의 도함수가 원래 함수 $f(x)$가 되는 성질이 있다. 그 말인즉슨, $f(x)$의 도함수 $f'(x)$를 적분하면 원래 함수 $f(x)$로 돌아가는 것이다.

즉, 함수 $f(x)$를 적분하면 원시함수 $F(x)$가 되고, 원시함수 $F(x)$를 미분하면 원래 함수 $f(x)$로 돌아간다. 또한 함수 $f(x)$를 미분하면 도함수 $f'(x)$가 되고, 그 도함수 $f'(x)$를 적분하면 원래 함수 $f(x)$로 돌아간다.

결과적으로 미분과 적분, 도함수와 원시함수는 이런 관계로 연결되어 있다.

$$f'(x) \quad \xrightarrow{\text{적분}} \quad f(x) \quad \xrightarrow{\text{적분}} \quad F(x)$$

도함수   미분   미분   원시함수

곱셈과 나눗셈은 역연산이다. 어떤 수에 2를 곱했다가, 그걸 다시 2로 나누면 원래 숫자로 돌아간다.

그와 마찬가지로 적분과 미분도 역연산이다. 적분은 '엄청난 곱셈'이고 미분은 '엄청난 나눗셈'이니 같은 말이나 다름없다. 즉, 어떤 함수를 적분해서 원시함수를 얻고, 그 원시함수를 미분하면 원래 함수로 돌아가는 것이다.

이게 바로 초반에 소개한 '적분은 미분의 역연산'이라는 말의 의미다. 여기까지 이해했다면 이제 미적분의 전체 그림까지 조금만 더 가면 된다.

(주의) 뒤에서 설명하겠지만, 어떤 함수의 원시함수는 적분상수 C를 포함해서 1개로 정해지지 않는다. 따라서 어떤 함수 $f(x)$의 원시함수 $F(x)$를 미분하면 원래의 $f(x)$로 확실히 돌아가지만, 엄밀히 따져서 $f'(x)$를 적분했을 때는 $f(x)$가 아닌, $f(x)+C$가 되니 주의하자.

이제부터 '적분은 미분의 역연산이다'와 '미분과 적분은 기울기와 넓이로 이어져 있다'를 이해하기 위해 구체적인 예시를 소개하겠다.

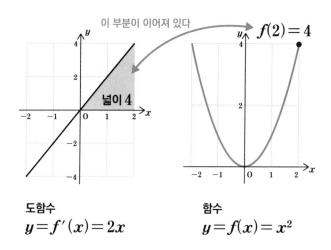

도함수
$$y = f'(x) = 2x$$

함수
$$y = f(x) = x^2$$

함수 $y=f(x)=x^2$와 도함수 $f'(x)=2x$를 생각해 보자. 이 도함수에서 $x=0$부터 2까지의 넓이는 4이고, 이 값은 원래 함수 $f(2)=4$와 일치한다.

이때 도함수 $f'(x)$에서 x가 0부터 a까지의 넓이가 $f(a)$의 값을 나타낸다는 사실을 알 수 있다.

즉, $f'(x)$에서 보면 $f(x)$는 원시함수이고, $f(x)$는 $f'(x)$의 넓이를 나타내는 함수인 것이다.

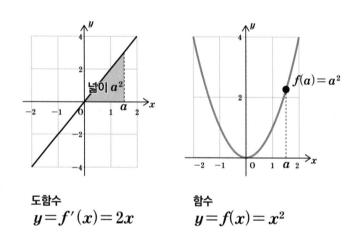

도함수
$$y=f'(x)=2x$$

함수
$$y=f(x)=x^2$$

더 깊이 이해하기 위해 간단한 예시를 하나 더 들어 보겠다.

예를 들어 $y=f(x)=2$라는 함수를 생각해 보자. 이 함수는 x에 상관없이 값이 일정하기 때문에 함수가 맞나 싶겠지만, 이것도 엄연한 함수다. 즉, 어떤 x를 넣어도 2가 나오는 상자인 셈이다. 이때 $f(x)=2$의 원시함수, 그러니까 미분을 하면 $f(x)=2$가 되는 함수 중 하나로

$F(x)=2x+1$이라는 일차함수가 있다. 이들 함수의 관계를 알아보자.

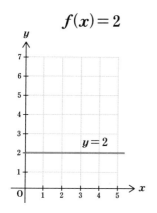

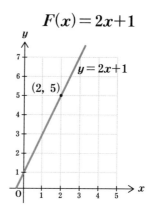

예컨대 $f(x)$에서 x가 0부터 2까지의 넓이, 즉 사각형의 넓이이므로 $2\times2=4$가 나온다.

이 넓이에 원시함수 $F(x)=2x+1$에서 $x=0$일 때의 값, 즉 $F(0)=1$이므로 1을 더하면 5가 된다. 이것은 $F(2)=5$와 같아진다.

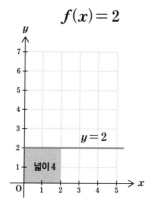

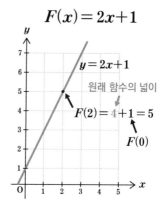

우연일 수도 있으니 하나만 더 살펴보자. 이번에는 $f(x)$의 x가 0부터 3까지의 넓이를 생각해 보면 6이 나온다.

이 넓이에 원시함수 $F(x)=2x+1$에서 $x=0$일 때의 값, 즉 $F(0)=1$이므로 1을 더하면 7이 된다. 역시 $F(3)=7$과 같아진다.

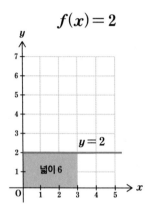

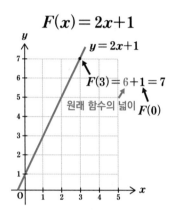

이처럼 함수 $f(x)$에서 0부터 a까지의 넓이에 $F(0)$(원시함수 $x=0$의 값)을 더한 것은 $F(a)$(원시함수 $x=a$의 값)와 같아진다.

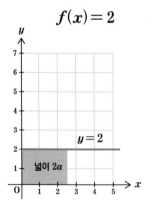

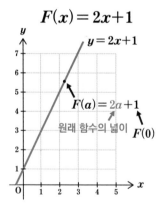

이들 예시에서 함수 $f(x)$의 넓이가 원시함수 $F(x)$를 나타낸다는 사실을 알았다(넓이에 $F(0)$을 더하는 이유는 함수 $f(x)$에서 0부터 0까지의 넓이(폭이 0)는 항상 0이기 때문이다).

한편, 원시함수 $F(x)$의 기울기(항상 2)는 원래의 함숫값인 $f(x)=2$와 같아진다.

함수 $f(x)$와 도함수 $f'(x)$와 원시함수 $F(x)$는 미분과 적분의 관계로 이어져 있다. 어떤 함수 $f(x)$의 도함수 $f'(x)$가 $f(x)$의 기울기를 나타내듯이, 어떤 함수 $f(x)$의 원시함수 $F(x)$는 원래 함수 $f(x)$의 넓이를 나타내는 것이다.

$$f'(x) \xrightarrow{\text{적분·넓이}} \xleftarrow{\text{미분·기울기}} f(x) \xrightarrow{\text{적분·넓이}} \xleftarrow{\text{미분·기울기}} F(x)$$

도함수   원시함수

미적분에서 쓰이는 기호

여기까지 읽었다면 미적분의 기본 구조를 이해했을 것이다. 이제부터는 수학의 세계에서 이 미적분을 어떤 식으로 기술하는지, 그 기호나 용어를 설명하겠다.

먼저 미분부터 살펴보자. 미분이란 기울기를 구하는 것이다. 그리고 어떤 함수 $y = f(x)$의 도함수, 그러니까 기울기의 함수를 구하는 것을 '함수 $y = f(x)$를 미분한다'라고 말한다.

$y = f(x)$의 도함수에는 여러 표기 방법이 있다. y'나 $f'(x)$처럼 프라임을 써서 표현하는 방법도 있고, $\frac{dy}{dx}$나 $\frac{d}{dx}f(x)$처럼 dy나 dx를 써서 표현하는 방법도 있다. 하지만 전부 다 같은 뜻이니 헷갈리지 말자.

또한 $\frac{dy}{dx}$는 dy를 dx로 나누는 분수 형태인데, d가 단순한 문자라면 약분해서 없앨 수 있다고 생각할 수도 있다. 하지만 이 d는 문자가 아니라 미분을 나타내는 기호다.

d는 의미로 따지면 '미소(아주 적다는 뜻-옮긴이)'라는 뉘앙스가 있다. $\frac{y}{x}$라면 단순히 y를 x로 나눈다는 나눗셈이지만, d를 붙이면 미소 y를 미소 x로 나누는, 즉 미분을 의미한다.

단, 나눗셈이라는 본질은 변하지 않는다. 따라서 여기에서도 미분이 '엄청난 나눗셈'이라는 사실이 얼핏 보인다.

미소의 → $\dfrac{dy}{dx}$ ← 미소의

의미 → 미소 y를 미소 x로 나눈다

그리고 함수는 두 번 이상 미분할 수도 있다. 즉, 도함수 $f'(x)$의 기울기의 함수라는 것도 생각할 수 있는 것이다. 이것을 2차 도함수라고 부른다. 그런 함수를 $f''(x)$ 등으로 표현하기도 한다.

아래 표에 미분의 표기를 정리했다. 표기나 이름이 많아서 복잡하지만, 전부 다 같은 뜻이니 헷갈리지 말자.

	y' 표기	$f'(x)$ 표기	dy/dx 표기	$d/dx\,f(x)$ 표기
1차 도함수 (1차 미분)	y'	$f'(x)$	$\dfrac{dy}{dx}$	$\dfrac{d}{dx}f(x)$
2차 도함수 (2차 미분)	y''	$f''(x)$	$\dfrac{d^2y}{dx^2}$	$\dfrac{d^2}{dx^2}f(x)$
n차 도함수 (n차 미분)	$y^{(n)}$	$f^{(n)}(x)$	$\dfrac{d^n y}{dx^n}$	$\dfrac{d^n}{dx^n}f(x)$

이번에는 적분이다. 적분에는 정적분과 부정적분이라는 두 가지 종류가 있다. 정적분은 넓이를 구하는 적분, 부정적분은 원시함수(원래 함수의 넓이를 나타내는 함수)를 구하는 적분이다.

먼저 정적분의 표기 방법부터 살펴보자.

$y = f(x)$라는 함수가 있을 때, 아래에 나타낸 것처럼 x가 a부터 b까지의 구간을 적분하여 넓이를 구하는 계산을 이렇게 쓸 수 있다.

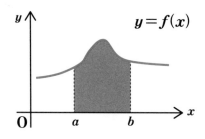

∫ 기호는 모두 합친다는 뜻의 'Summation'에서 S를 본떠 만들었다. 그리고 $f(x)dx$는 $f(x)$라는 함수에 dx를 곱했다는 뜻이다. 이 d는 앞에서 얘기했듯이 '미소'라는 뜻이 있다.

S의 변형
Sum(합)
'더하다'

$$\int_{a}^{b} f(x)\,dx$$

b까지
a부터

의미 → $f(x)$에 미소 x를 곱한 것을 a부터 b까지 모두 합친다.

즉, 적분의 본질은 함수 $f(x)$에 dx(미소 x를 나타낸다)를 '곱한다'는 뜻이었다. 여기서도 적분이 '엄청난 곱셈'이라는 사실이 얼핏 보인다.

예를 들어 $y = x + 1$이라는 함수에서 x가 1부터 3일 때의 넓이를 구한다고 하자. 다시 말해 정적분을 구한다는 것은 다음과 같이 쓰고, 정답은 이 부분의 넓이인 6이다.

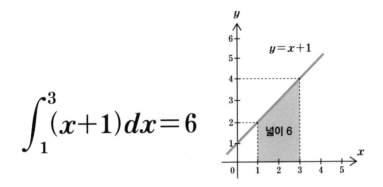

이번에는 부정적분이다. 어떤 함수 $f(x)$의 부정적분이란 원시함수를 구하는 것이다. 그러니까 미분하면 $f(x)$가 되는 함수, 다시 말해 $\dfrac{d}{dx} F(x) = f(x)$를 충족하는 함수 $F(x)$를 구하는 것이다.

부정적분은 다음과 같이 쓴다.

$$F(x) = \int f(x)\,dx \quad \xrightarrow{\text{의미}} \quad F(x)\text{는 함수 } f(x)\text{의 원시함수}$$

정적분에는 있는 적분 구간이 없다는 뜻이다. 표기법은 비슷하지만 정적분은 넓이의 '값'을 나타내고, 부정적분은 원시함수라는 '함수'를 나타낸다. 의미가 크게 다르니 확실히 구별하도록 하자.

예를 들어 $y=x$라는 함수의 부정적분은 이렇게 나타낼 수 있다.

$$\int x \, dx \;=\; \frac{1}{2}x^2 + C$$

적분상수(임의의 정수)

여기서 나오는 적분상수 C란 무엇일까?

어떤 함수 $f(x)$를 미분한 함수, 도함수는 1개로 정해진다. 하지만 미분하면 $f(x)$가 되는 함수, 즉 원시함수는 1개로 정해지지 않는다. 예를 들어, $\frac{1}{2}x^2$을 미분하면 x가 되고, 마찬가지로 $\frac{1}{2}x^2+1$도 미분하면 x가 된다.

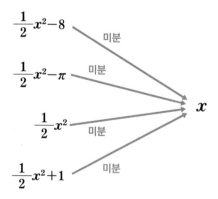

즉, 정수는 미분하면 0이 되지만, 더한다 해도 도함수는 변하지 않는다. 따라서 $\frac{1}{2}x^2$에 상수항을 추가한 함수는 모두 도함수가 x가 된다. 그러니까 미분하면 x가 되는 원시함수는 1개로 정해지지 않는다. 그래서 부정적분은 적분상수 C를 사용해서 표현하는 것이다.

참고로 적분상수를 '임의의 정수'라고 부르기도 하는데, 똑같다고 보면 된다.

4-6 미적분 계산 방법

다음으로 미분의 계산 방법을 다시 한번 설명하겠다. 멱함수 x^n 의 도함수는 nx^{n-1}이라는 사실은 앞에서 소개했다. 또한 정수 함수 $f(x)=c$는 기울기가 0이므로 $f'(x)=0$이 된다.

그리고 선형성이라는 성질도 중요하다. 이것은 모두 합친 함수를 미분한 것과 함수 하나하나를 미분한 다음에 합친 것은 같다는 성질 이다.

예를 들어 함수 $f(x)=x^2$의 도함수는 $f'(x)=2x$, 함수 $g(x)=x$의 도 함수는 $g'(x)=1$이 된다. 이때 함수 $f(x)+g(x)$, 그러니까 함수 x^2+x의 도함수는 $f'(x)+g'(x)$, 즉 $2x+1$이 된다. 그러나 곱셈의 법칙은 다르 다. $f(x) \times g(x)$의 도함수는 도함수를 각각 곱한 $f'(x) \times g'(x)$와 같지 않 으니 주의하자. 자세한 이야기는 뒤에서 하겠다.

오른쪽에 예시를 들었다. 법칙 자체는 간단하다. 더 나아가 삼각 함 수나 지수함수 등 더 어려운 함수의 미분에 대해서는 Chapter 7을 확 인하자.

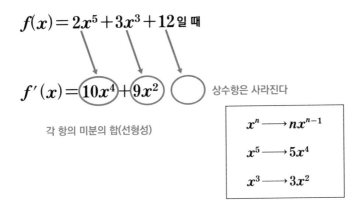

$$f(x) = 2x^5 + 3x^3 + 12 \text{ 일 때}$$

$$f'(x) = \boxed{10x^4} + \boxed{9x^2} \quad \bigcirc$$

상수항은 사라진다

각 항의 미분의 합(선형성)

$$x^n \longrightarrow nx^{n-1}$$
$$x^5 \longrightarrow 5x^4$$
$$x^3 \longrightarrow 3x^2$$

이번에는 적분 계산이다. 앞에서 해설한 것처럼 미분해서 그 함수가 되는 함수, 그러니까 원시함수를 구하는 것을 부정적분이라고 한다. x^n의 원시함수는 아래와 같이 $\frac{1}{n+1}x^{n+1} + C$가 된다. C는 적분상수를 말한다.

$$\int x^n\,dx = \frac{1}{n+1}x^{n+1} + C \quad \text{(C는 적분상수)}$$

다음으로는 넓이를 구하는 정적분이다. 정적분은 원시함수를 사용해서 계산한다. 예를 들어 a에서 b까지 적분하는 경우, $f(x)$의 원시함수를 $F(x)$라고 하면 $F(b)-F(a)$가 된다. 원시함수는 $f(x)$의 넓이의 함수이므로 이 순서대로 계산할 수 있다.

공식으로 쓰자면 아래와 같다. 여기서 우리가 구하는 것은 어디까지나 넓이라는 사실을 기억하자.

$$\int_a^b f(x)\,dx = [F(x)]_a^b = F(b) - F(a)$$

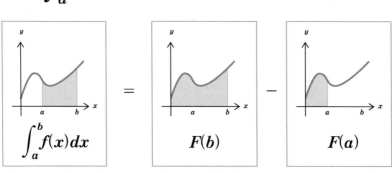

익숙해지기 위해 예시를 들어 보겠다.

미적분 계산 방법 중 정적분 예제

함수 x^2를 1부터 3까지 적분한다
→ 함수 $y = x^2$의 구간 $x = 1 \sim 3$ 사이의 넓이

$$\int_1^3 x^2\,dx = \left[\frac{1}{3}x^3\right]_1^3$$

$$= \frac{1}{3} \times 3^3 - \frac{1}{3} \times 1^3$$

$$= \frac{26}{3}$$

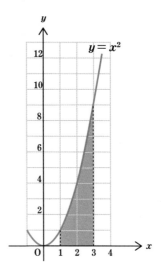

참고로 부정적분에서는 적분상수 C가 나왔지만, 정적분에서는 적분 정수를 생각하지 않아도 된다. 왜냐하면 $F(b)-F(a)$를 계산해야 하는데, 상수항 C가 있다고 해도 $(F(b)+C)-(F(a)+C)$가 되어 C는 없어지기 때문이다. 따라서 간단하게 $C=0$으로 치고 계산해도 된다.

정적분은 넓이를 구하는 계산인데, 아래처럼 적분된 함수가 음수일 경우에는 정적분의 값도 음수가 된다는 사실에 주의하자. 적분이란 $f(x)$에 미소 x를 곱해서 더한 것이기도 하므로 $f(x)$가 음수라면 정적분의 결과도 음수가 된다.

$$\int_a^b f(x)dx = A$$

$$\int_a^b \{-f(x)\}dx = -A$$

마지막으로 적분의 구간에서 주의할 점이 있다. 예를 들어 a에서 b까지 구해야 하는데, 거꾸로 b에서 a를 적분해버리면 적분값의 부호가 반대로 나온다.

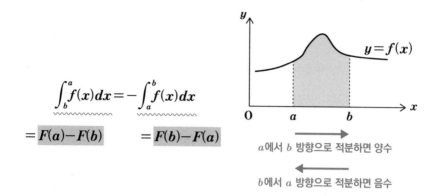

$$\int_b^a f(x)dx = -\int_a^b f(x)dx$$

$$= F(a) - F(b) \qquad = F(b) - F(a)$$

a에서 b 방향으로 적분하면 양수

b에서 a 방향으로 적분하면 음수

이 정도 법칙을 알아두면 정적분도 계산할 수 있을 것이다. 공부할 때는 법칙을 따라 계산하기에 집중하기 쉬운데, 정적분은 넓이를 구하는 계산이라는 그림을 그려 놓고 계산하도록 하자.

같은 공부를 할 때 의미를 알고 하는 것과 모르고 하는 것은 이해력에서 엄청난 차이가 난다.

네이피어 수는 왜 중요한가?

네이피어 수라는 말을 들어본 적이 있는가?

이것은 원주율 π처럼 수학에서는 무척 중요한 의미가 있는 숫자다. 무리수이므로 π처럼 소수로 나타내면 아래와 같이 무한히 이어진다.

$$e = 2.71828182845904523536\cdots\cdots$$

원주율 π는 원의 지름과 원둘레의 비율이라는 의미가 있는데, 그 중요성은 이해할 수 있을 것이다.

그렇다면 네이피어 수 e는 왜 중요할까? 그 이유는 네이피어 수의 지수함수에 있다(지수함수에 대한 자세한 내용은 Chapter 7을 보자).

$f(x) = e^x$라는 함수에 중요한 성질이 있다. 그것은 이 함수를 미분하면 $f'(x) = e^x$, 즉 미분을 해도 같은 함수가 나온다는 것이다. 따라서 원시함수도 e^x가 된다(적분상수 C는 생략).

바꿔 말하면, 다음 페이지의 그림처럼 원래 함수와 도함수가 같고, $f(x)$의 값과 기울기가 같은 함수라는 말이다.

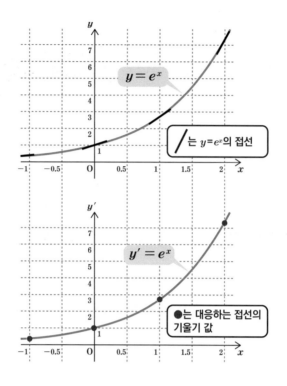

이러한 성질을 갖추고 있어서 미분방정식을 풀다 보면 e가 많이 나온다. 그래서 e가 중요한 값인 것이다. 이 네이피어 수의 중요성은 미분을 배웠을 때 비로소 이해할 수 있다.

참고로 함수 계산기나 표를 계산하는 소프트웨어에서는 exp라는 함수(exponential의 머리글자)로 e^x를 계산할 수 있게 되어 있다. 과학 기술에서 계산할 때 무척 잘 나오기 때문에 전용 버튼이나 함수가 따로 마련되어 있는 것이다.

Chapter 5

무한의 힘으로
미적분은 완벽해진다

미적분이란 무엇인지, 미적분은 어떻게 푸는지 이제 이해했는가? 미적
분 활용만 하고 싶다면 여기까지 배운 지식으로도 충분하다.

이번에는 미적분이라는 학문의 기초를 만드는 '극한'이라는 사고법을
설명하려고 한다. '극한'이란 한마디로 말하자면 '변수가 있는 수에 한없
이 가까워질 때, 함숫값이 무엇에 가까워지는가'를 보여 주는 개념이다.
이 '극한'이라는 사고법을 사용했을 때, 미적분이라는 학문은 비로소 완
벽해진다.

그런데 이 사고법을 이해하려면 수학에서 '무한'을 어떻게 다루는지 배
워야 한다. 실제로 고등학교 수학에서 미적분이 어렵게 느껴지는 이유는
길목에서 '극한'이나 '무한'이 가로막고 있기 때문은 아닐까?

원의 넓이 공식은 사실일까?

우리는 이미 초등학교에서 원의 넓이 공식을 배웠다. 그런데 사실 여기에 적분이나 무한의 사고법이 숨어 있다.

원의 넓이는 '반지름×반지름×원주율'로 구한다. 수식으로 쓰면 'πr^2'이다.

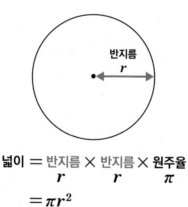

$$\text{넓이} = \underset{r}{\text{반지름}} \times \underset{r}{\text{반지름}} \times \underset{\pi}{\text{원주율}}$$
$$= \pi r^2$$

여기서 원주율이란 무엇일까? 이 질문을 하면 '3.14'라는 답이 가장 많이 돌아온다. 그런데 3.14는 단순한 숫자일 뿐이지 원주율의 의미는 아니다.

원주율이란 지름과 원둘레의 비율을 말한다. 다음 그림처럼 원이 있는데, 지름을 몇 배 했을 때 원둘레의 길이가 되는가를 나타내는 숫자이다. 이 숫자가 대략 3.14인 것이다.

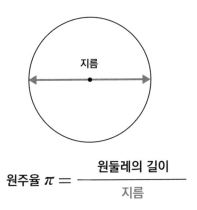

$$\text{원주율 } \pi = \frac{\text{원둘레의 길이}}{\text{지름}}$$

즉, 지름이 1m인 원이라면 원둘레의 길이는 약 3.14m인 셈이다. 공식으로 나타내면 지름은 반지름의 2배이므로 원의 반지름을 r이라고 했을 때 지름은 $2r$이 된다. 그리고 원주율을 π라고 했을 때, 반지름 r을 사용해서 원둘레는 2πr로 둘 수 있다.

원주율은 지름과 원둘레의 비율, 이 내용을 머리에 확실히 새겨두자.

다시 원의 넓이 이야기로 돌아가자. 여기까지 적분을 공부한 여러분은 '넓이를 구한다'라는 것이 적분을 뜻한다는 사실을 이미 알았을 것이다. 초등학교에서 원의 넓이가 πr²인 이유를 어떻게 배웠는지 떠올려 보자.

이렇게 생각하면 된다. 원을 부채꼴로 분할해서 나란히 놓는 것이다. 분할 수가 적을 때는 무슨 모양인지 잘 알 수 없다. 그런데 분할 수를 점점 늘리면 다르게 보이기 시작한다.

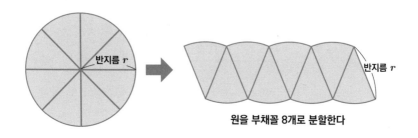

반지름 r

원을 부채꼴 8개로 분할한다

이를테면 아래의 그림 정도로 분할 수를 늘리면, 직사각형에 가까워지는 모습을 볼 수 있다. 이렇게 직사각형처럼 만들어서 넓이를 구하자는 것이다.

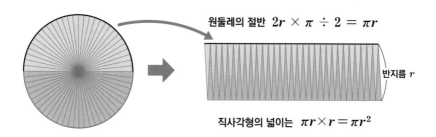

원둘레의 절반 $2r \times \pi \div 2 = \pi r$

반지름 r

직사각형의 넓이는 $\pi r \times r = \pi r^2$

이때 세로의 길이가 바로 반지름이다. 그리고 가로의 길이는 위의 그림처럼 원둘레 길이의 절반이라고 볼 수 있다.

원둘레는 지름×원주율인데, 지름은 반지름의 2배이므로 가로 길이는 $2\pi r \times \frac{1}{2}$이라서 결국 πr이 된다. 따라서 이 직사각형의 넓이는 πr^2인 것이다.

초등학교 수학 교과서나 참고서에는 이런 식으로 설명이 되어 있어서 이해하기는 쉽다. 그런데 잘 생각해 보면 살짝 이상한 점이 있다.

확실히 분할 수를 늘리면 '거의' 직사각형으로 보인다. 그런데 원둘레는 직선이 아니기 때문에 아무리 잘게 분할해도 직선은 절대 될 수 없다.

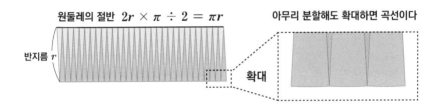

원둘레의 절반 $2r \times \pi \div 2 = \pi r$

반지름 r

아무리 분할해도 확대하면 곡선이다

확대

실생활에서 다룰 때는 숫자에 오차가 약간 있어도 상관없으니 문제는 없다. 하지만 정확히 따지면 원의 넓이는 πr^2이 아닌 것 같은 기분이 든다. 그렇다면 교과서에 나오는 원의 공식은 정확하지 않다는 뜻일까?

결론부터 말하자면 교과서는 옳다. 원의 넓이는 정확히 따져도 πr^2이다. 오차는 전혀 없다. 어떻게 그럴 수 있을까?

167

수학의 세계에서 이 문제는 이렇게 다룬다. 부채꼴로 분할한 도형의 넓이는 정확하게 구할 수 없지만, 적어도 다음 평행사변형 2개의 넓이 사이에 있다. 즉, 평행사변형 A보다 크고 평행사변형 B보다 작다.

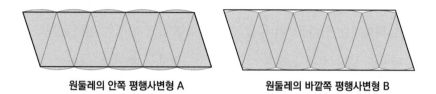

원둘레의 안쪽 평행사변형 A　　　　원둘레의 바깥쪽 평행사변형 B

A의 넓이 S_A보다 B의 넓이 S_B가 더 크다
진짜 넓이 S는 이 사이에 있다

$$S_A < S < S_B$$

그리고 분할 수를 1만 개로 하든 1억 개로 하든 1조 개로 하든, A도 B도 πr^2이 될 수 없다. 그러나 A의 넓이는 분할 수를 크게 할수록 점점 커지고, B는 분할 수를 크게 할수록 점점 작아진다.

그리고 A와 B 모두 분할 수를 크게 할수록 어떤 한 숫자에 가까워진다고 했을 때, 원의 넓이는 그 값이라고 생각하는 것이 당연하지 않을까? 가까워지는 그 수가 바로 원의 넓이인 πr^2인 것이다.

즉, 분할 수가 유한이라면 넓이가 정확하게 πr^2이 되지 않지만, 분할 수를 무한으로 했을 때는 넓이를 πr^2으로 생각한다.

'크게 할수록 어떤 한 숫자에 가까워진다'라든가 '분할 수를 무한으로 한다'라는 사고법이 수학의 미적분에서 나타나는 극한이나 무한의 사고법과 이어진다.

수학이라는 학문에서 보면, 미적분을 배울 때 무한이라는 개념이 등장하는 것은 새로운 일이다. 이것은 초등학교 고학년 때 '분수'라는 개념이 등장했던 것처럼, 그리고 중학교에 들어가서 '음수'를 다루기 시작했을 때처럼 인상이 깊다.

실제로 고등학교 미적분의 수준에서는 이 무한 문제와 씨름을 할 필요는 없다. 이 책에서 소개하는 '그냥저냥' 수준으로도 문제는 없다.

하지만 대학교에 진학해서 수학을 더 깊게 공부할 사람에게는 이 무한을 어떤 식으로 다루는지가 중요한 테마가 될 것이다. 만약 여러분 중에서 수학을 더 공부하고 싶은 분이 있다면 무한을 어떻게 다루는지 깊이 있게 공부하길 바란다. '이게 바로 수학의 세계구나'라는 것을 느낄 만큼 심오한 세계가 펼쳐질 것이다.

5-2

극한을 생각하는 이유

이제 미분이나 적분을 논하려면 무한이 왜 필요한지는 이해했을 것이다. 그리고 무한을 다루기 위해서는 '극한'을 생각할 필요가 있다. 극한이란 '○○에 한없이 가까워진다'라는 개념이다. 아직은 감이 오지 않을 수도 있지만, 이제 곧 어떤 개념인지 알게 될 테니 안심하길 바란다.

여기서는 수학의 세계에서 극한이나 무한을 다루는 방법을 구체적으로 설명하려고 한다.

먼저 수학에서 극한을 다룰 때는 'lim'이라는 기호를 사용한다. 예를 들어 $y=2x$라는 함수에서 x가 2에 한없이 가까워질 때, y는 무엇에 가까워지는가를 다음 식처럼 나타낸다.

$$\lim_{x \to 2} 2x = 4$$

x가 오른쪽에서 2에 점점 가까워지고
왼쪽에서 2에 점점 가까워져도
$2x$는 4에 가까워진다

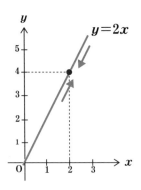

결과는 간단해서 $x=2$를 대입한 값, 4에 가까워진다. 이때 x가 큰 숫자 쪽에서 2에 가까워지거나 작은 숫자 쪽에서 2에 가까워져도, 똑같이 4에 가까워진다는 사실이 중요하다.

'그건 당연한 거 아니야?'라고 생각할 수도 있다. 하지만 이게 당연하지 않을 때도 있다.

예를 들어 앞에서 소개한 소고기 이야기를 해 보자. 소고기가 100g에 3,000원이었는데, 400g을 사면 3,000원×4인 12,000원이 아니라 할인이 적용되어 10,000원이었다. 이 그램 수와 가격을 함수로 만들어서 소고기의 무게가 400g에 가까워질 때의 극한을 구해 보자.

왼쪽(가벼운 쪽)에서 400g에 가까워지면 가격은 12,000원에 가까워진다. 하지만 오른쪽(무거운 쪽)에서 400g에 가까워질 때는 10,000원에 가까워진다.

이 경우에는 위와 아래에서 가까워지는 수가 다르기 때문에 이 극한은 존재하지 않는다.

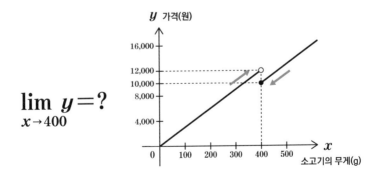

이러한 경우도 있으므로 함수 $f(x)$에서 x가 2에 가까워질 때, $f(x)$가 $f(2)$라는 일정한 수에 반드시 가까워진다고는 얘기할 수 없다.

그러나 실제로 이런 경우는 드물고 대부분은 그 함숫값에 가까워진다. 수학이라는 학문은 경우가 아무리 적은 예외라도 거기에 주목하기 때문에 이런 특수한 예외는 종종 등장한다.

얘기가 살짝 벗어났는데, 무한과 극한 이야기로 다시 돌아가 보자. 이번에는 극한을 사용해서 어떻게 무한을 표현하는지 생각해 보겠다.

무한이라는 숫자는 존재하지 않는다. 따라서 수학이라는 학문에서 다른 숫자를 다루듯 할 수는 없다. 그러나 극한을 사용함으로써 '무한에 가까워질 때 어떻게 되는가?'를 이야기할 수 있게 된다.

예를 들어 아래와 같이 함수 $\frac{1}{x}$에서 x를 무한대로 크게 하면 어떻게 될까? 그래프로 나타냈듯이 x를 무한으로 크게 하면 $\frac{1}{x}$은 0에 점점 가

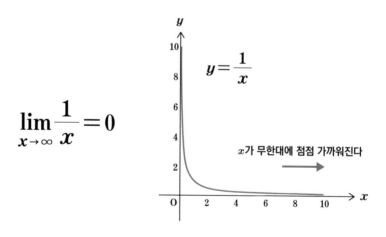

$$\lim_{x \to \infty} \frac{1}{x} = 0$$

$y = \dfrac{1}{x}$

x가 무한대에 점점 가까워진다

까워진다. 실제로 x를 아무리 크게 해도 $\dfrac{1}{x}$은 0이 되지는 않지만, '점점 가까워진다'라는 문맥에서는 0이 된다.

따라서 $\dfrac{1}{x}$에서 x를 무한대로 하는 극한은 0이 되는 것이다. 참고로 수학에서 무한대는 ∞로 나타낸다. 이 ∞는 음의 무한대에도 사용할 수 있는데, 그때는 -∞로 나타낸다.

즉, 앞서 나온 $\dfrac{1}{x}$이라는 함수의 경우, x를 무한대로 크게 하는 경우도 있고 무한대로 작게 하는 경우도 있다. 이는 -1, -100, -1000, … 이런 식으로 점점 작은 수를 넣는 경우이다.

다음 그래프를 보면 알 수 있듯이, 이 경우는 음수 쪽에서 0에 가까워진다. 따라서 -∞의 극한에서도 0이 되는 것이다.

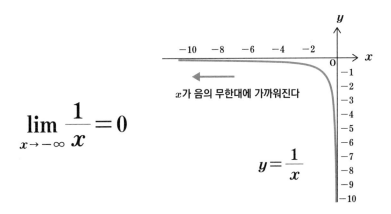

$$\lim_{x \to -\infty} \frac{1}{x} = 0$$

x가 음의 무한대에 가까워진다

$$y = \frac{1}{x}$$

또한 극한을 논할 때, '분모가 0인 문제'를 회피할 수 있다는 점이 중요하다.

예를 들어 아래 2개의 함수를 살펴보자. 무엇이 다른가?

$$f(x) = x \qquad g(x) = \frac{x^2}{x} \text{ (약분하면 그냥 } x\text{?)}$$

$\dfrac{x^2}{x}$도 약분하면 x가 되니까 완전히 똑같은 것 아닐까?

그러나 이 2개에는 큰 차이점이 있다. 그것은 x가 0일 때 일어난다. ~~수학에서는 0으로 나누면 안 된다, 그러니까 분모가 0이 되어서는 안 된다는 절대 법칙이 있다.~~

따라서 함수 $\dfrac{x^2}{x}$의 그래프를 그리면 다음과 같이 $x=0$에서 끊어진다 (흰색 동그라미는 그 값을 취하지 않는다는 뜻).

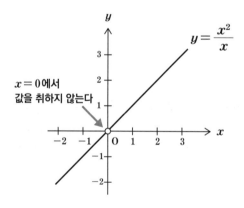

그러나 이 경우에도 0에 한없이 가까워진다, 다시 말해 극한일 경우

에는 허용된다. 그리고 $\frac{x^2}{x}$가 0에 가까워질 때는 0에 가까워진다고 말할 수 있는 것이다.

$$\lim_{x \to 0} \frac{x^2}{x} = 0$$

미적분에서는 분모가 0이 되는 문제를 극한을 사용해서 회피하는 기술이 자주 사용된다. 이 사고법을 잘 기억해 두길 바란다.

극한을 써서 미분 생각하기

이번에는 극한을 사용해서 미분을 생각해 보자.

예를 들어 어떤 자동차가 움직이고 있는데, 그 차가 언제 x(시간) 어느 위치 y(km)에 있는지 나타낸 함수 $y = f(x)$를 생각해 보자. Chapter 2에서 나온 이야기와 똑같다.

여기서 기울기, 즉 속도를 구해 보는 것이다. 앞서 얘기했듯이 수학 용어로는 이 기울기를 '미분계수'라고 부른다.

먼저 간단한 예시로 속도가 일정한 경우, $y = 30x$로 나타내는 직선일 때를 생각해 보자.

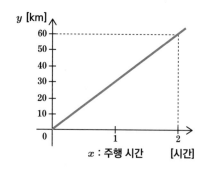

$$속도는 \ \frac{y\,(\text{km})}{x\,(\text{시간})} = \frac{60\,\text{km}}{2\,\text{시간}} = 30\,\text{km/시}$$

앞에서의 설명을 잘 기억하고 있다면 이 식을 보자마자 30km/시가 바로 나올 수도 있다. 하지만 여기서는 철저하게 계산해 보겠다.

$x=0$부터 2까지, 즉 2시간 지났을 때 자동차는 60km 움직였다. 따라서 (이동 거리)÷(시간) 공식을 이용하여 속도는 30km/시라는 사실을 알 수 있다. 수학 용어로 말하면 $y=30x$의 미분계수는 30이라는 것이다.

간단한 예시를 들어 봤는데, 사실 자동차 속도는 항상 일정하지 않고 시간에 따라 변화한다. 아래 그림처럼 말이다. 이때의 기울기(속도)는 어떻게 구해야 할까?

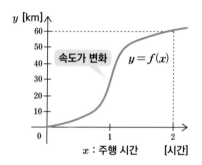

이런 식으로 생각할 수 있다. 예를 들어 1시간 후의 기울기(속도)를 구해 보자.

먼저 $x=1$에서 2까지의 기울기(속도)가 일정하다고 가정해서 속도를 구하자. 즉, 이 시간 내의 평균 속도를 구하는 것이다.

그러면 그림과 같이 기울기(속도)는 30km/시가 나온다. 그러나 이렇게 하면 실제 $x=1$의 속도와 꽤 떨어져 있다.

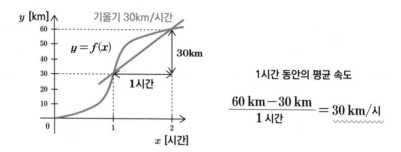

$$\frac{60\,\text{km} - 30\,\text{km}}{1\,\text{시간}} = 30\,\text{km/시}$$

1시간 동안의 평균 속도

이번에는 시간 간격을 짧게 해 보겠다. $x=1$에서 1.5(시간)까지의 기울기(속도)가 일정하다고 가정해 보자. 그러면 마찬가지로 기울기(속도)는 50km/시가 나온다. 조금 전보다 구하고 싶은 속도에 가까워졌지만, 아직은 떨어져 있다.

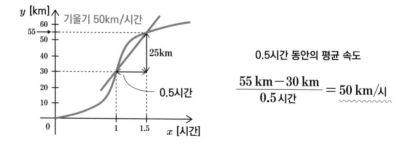

0.5시간 동안의 평균 속도

$$\frac{55\,\text{km} - 30\,\text{km}}{0.5\,\text{시간}} = 50\,\text{km/시}$$

그러면 시간 간격을 더 짧게 해 보자. 이번에는 $x=1$에서 1.25(시간)까지의 기울기(속도)가 일정하다고 가정하자. 그러면 기울기(속도)는 80km/시가 나온다.

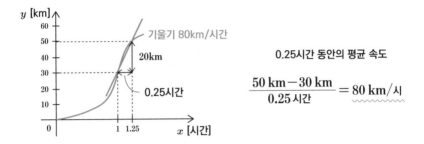

0.25시간 동안의 평균 속도

$$\frac{50\,km - 30\,km}{0.25\,\text{시간}} = 80\,km/\text{시}$$

이 정도까지 짧게 했더니 원래 기울기에 가까워졌다. 하지만 아직 차이는 있다. 이 차이를 메꾸기 위해 좀 전 설명한 무한이나 극한의 사고법을 사용하는 것이다.

즉, 이렇게 0.1시간, 0.01시간으로 시간 간격을 점점 짧게 한 극한을 $x=1$의 기울기(속도)라고 생각하는 것이다.

이 사실을 lim을 사용해서 수학적으로 표현하면 다음과 같다. 여기

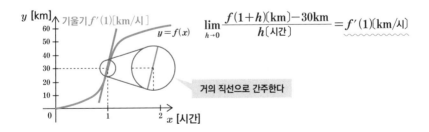

$$\lim_{h \to 0} \frac{f(1+h)(km) - 30km}{h(\text{시간})} = f'(1)(km/\text{시})$$

거의 직선으로 간주한다

서 h는 시간 간격을 나타낸다. 이것이 0이 되는 극한이 속도, 즉 $x=1$에서 함수 $f(x)$의 미분계수 $f'(1)$이 되는 것이다.

이처럼 극한을 사용하면 수학적으로 미분을 정의할 수 있고, 일반적으로 함수 $f(x)$에서 $x=0$일 때 미분계수를 아래와 같이 나타낼 수 있다.

이 식은 무슨 뜻일까? 앞에서 든 자동차 예시로 생각하면 a는 1시간 후를 나타내는 1, h가 시간 간격이 된다. 시간 간격을 1, 0.5, 0.25, ……로 점점 작게 했을 때의 극한이 1시간 후의 속도가 됐다. 이 식도 그와 똑같은 것을 나타낸다.

$$f'(a) = \lim_{h \to 0} \frac{f(a+h) - f(a)}{h}$$

예를 들어 함수 $f(x) = x^2$이라는 이차함수에서 $x=1$일 때의 미분계수를 구해 보자.

$$
\begin{aligned}
f'(1) &= \lim_{h \to 0} \frac{f(1+h) - f(1)}{h} \\
&= \lim_{h \to 0} \frac{(1+h)^2 - 1}{h} \\
&= \lim_{h \to 0} \frac{h^2 + 2h}{h} \\
&= \lim_{h \to 0} (h+2) \\
&= 2
\end{aligned}
$$

그럼 이번에는 도함수를 어떻게 구하는지 알아보자. 도함수는 앞에서 설명했듯이 어떤 함수 $f(x)$의 기울기를 주는 함수 $f'(x)$였다. 극한을 사용해서 도함수를 나타내면 다음과 같다.

$$f'(x) = \lim_{h \to 0} \frac{f(x+h) - f(x)}{h}$$

실제로 $f(x) = x^2$의 도함수를 구해 보자.

$$
\begin{aligned}
f'(x) &= \lim_{h \to 0} \frac{f(x+h) - f(x)}{h} \\
&= \lim_{h \to 0} \frac{(x+h)^2 - x^2}{h} \\
&= \lim_{h \to 0} \frac{h^2 + 2xh}{h} \\
&= \lim_{h \to 0} (h + 2x) \\
&= 2x
\end{aligned}
$$

$f(x) = x^2$의 도함수는 $2x$가 나왔다. 이렇게 계산하면 Chapter 4에서 설명한 도함수의 공식 $f(x) = x^n$일 때 $f'(x) = nx^{n-1}$도 도출할 수 있다.

$f'(x)=nx^{n-1}$은 자연수 이외의 n으로도 성립한다

여기서 나온 $f(x)=x^n$을 미분하면, $f'(x)=nx^{n-1}$이라는 공식은 사실 n이 자연수 이외의 수일 때에도 성립한다.

Chapter 7 지수 부분에서 설명하겠지만, 지수는 자연수뿐만 아니라 실수 전체로 확장할 수 있다. 예를 들어 x^{-1}은 $\dfrac{1}{x}$을 나타내고, $x^{\frac{1}{2}}$은 $\sqrt{x}$를 나타낸다.

이 원리를 사용하면 분수 함수나 루트 함수의 도함수도 간단히 계산할 수 있다.

아래의 예시를 보자. 이 공식의 적용 범위가 얼마나 넓은지 감이 올 것이다.

$$f(x)=\frac{1}{x} \quad\longrightarrow\quad f'(x)=-\frac{1}{x^2}$$
$$f(x)=x^{-1} \quad\longrightarrow\quad f'(x)=-x^{-2}=-\frac{1}{x^2}$$

$$f(x)=\sqrt{x} \quad\longrightarrow\quad f'(x)=\frac{1}{2\sqrt{x}}$$
$$f(x)=x^{\frac{1}{2}} \quad\longrightarrow\quad f'(x)=\frac{1}{2}x^{-\frac{1}{2}}=\frac{1}{2\sqrt{x}}$$

$$f(x)=\frac{2}{x\sqrt{x}} \quad\longrightarrow\quad f'(x)=-\frac{3}{x^2\sqrt{x}}$$
$$f(x)=2x^{-\frac{3}{2}} \quad\longrightarrow\quad f'(x)=-3x^{-\frac{5}{2}}=-\frac{3}{x^2\sqrt{x}}$$

극한을 써서 적분 생각하기

이번에는 극한을 사용해서 적분을 수학적으로 정의해 보자.

적분은 넓이를 구하는 것이었다. 예시로 어떤 함수 $y = f(x)$의 그림 속 넓이를 구한다고 가정하자.

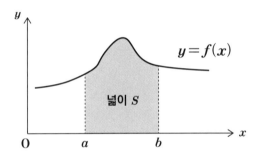

적분도 원리로 따지면 어렵지는 않다. 먼저 이 넓이를 구하기 위해 길이가 같은 직사각형 5개로 분할해 보자. 그러면 직사각형 넓이의 합은 아래와 같다.

넓이 $\fallingdotseq f(x_0)\,\Delta x + f(x_1)\,\Delta x + f(x_2)\,\Delta x + f(x_3)\,\Delta x + f(x_4)\,\Delta x$

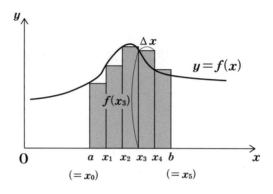

※ $\triangle x$는 a와 b 사이를 x 방향으로 5등분한 길이

그런데 가만 보면 이 직사각형 넓이의 합과 구하고 싶은 넓이에는 오차가 있다.

그래서 분할 수를 늘리는 것이다. 이번에는 5분할을 10분할로 해 보자. 그러면 아래 그림과 같다.

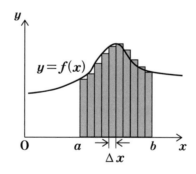

5분할일 때보다 구하고 싶은 값에 많이 가까워졌다. 하지만 아쉽게도 아직 오차가 있다. 이 오차를 줄이려면 어떻게 해야 할까?

그렇다. 여기서도 무한이나 극한의 힘을 빌려야 한다. 분할 수를 무한으로 하는 극한값(동시에 $\triangle x$가 0에 가까워진다)을 구하면 진짜 넓이를 구할 수 있다.

이 과정을 수식으로 쓰면 아래와 같다. 참고로 Σ(시그마)는 수열의 합을 나타낼 때 사용하는 기호로, 더해서 합친다는 의미가 있다.

직사각형의 높이

합을 의미

직사각형의 폭
$n \to \infty$일 때 0에 가까워진다

$$S(\text{넓이}) = \int_a^b f(x)dx = \lim_{n\to\infty} \sum_{k=0}^{n-1} f(x_k) \triangle x$$

그리고 넓이를 구하는 적분(정적분)은 원시함수를 구해서 계산한다.

$$\int_a^b f(x)dx = \left[F(x)\right]_a^b = F(b) - F(a)$$

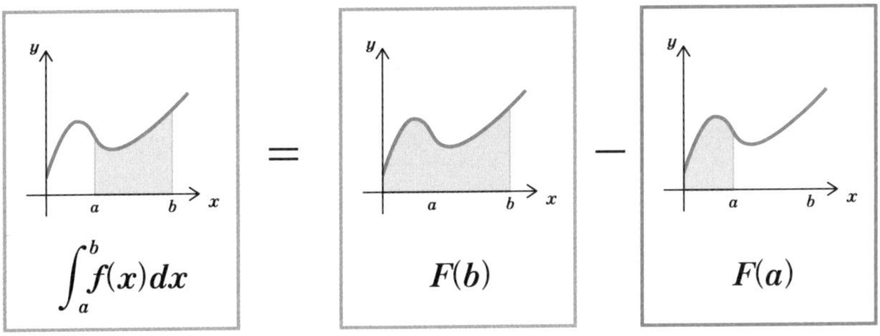

$$\int_a^b f(x)dx \qquad = \qquad F(b) \qquad - \qquad F(a)$$

위의 그림에서 $F(x)$는 $f(x)$의 원시함수이다.

미분과 적분은 곱셈과 나눗셈의 관계처럼 역연산 관계에 있다. 그래서 어떤 함수 $f(x)$의 원시함수 $F(x)$를 구할 때는 미분하면 $f(x)$가 되는 함수를 찾아야 한다.

여기서 의문이 드는 게 '원시함수는 정말 넓이를 나타내는 함수인가?'라는 점일 것이다. 그러니 넓이의 함수를 $S(x)$로 두고, 이것을 미분하면 확실히 원래 함수 $f(x)$가 된다는 사실을 확인해 보자. 이걸 확인하면 원시함수 $F(x)$는 확실히 넓이의 함수라는 사실이 밝혀질 것이다.

아래 그림처럼 함수 $f(t)$에서 $t=a$부터 x일 때의 넓이 $S(x)$를 생각해 보자.

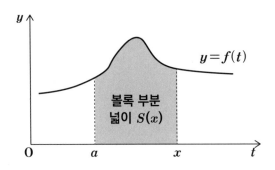

여기서 넓이의 함수 $S(x)$를 미분해 보자. 앞에서 등장한 미분의 정의에 따르면 $S(x)$의 도함수 $S'(x)$는 다음과 같이 나타낸다.

$$\lim_{h \to 0} \frac{S(x+h) - S(x)}{h} = S'(x)$$

여기서 $S(x+h)$는 a부터 $x+h$까지의 넓이, 그리고 $S(x)$는 a부터 x까지의 넓이를 나타낸다. 따라서 $S(x+h)-S(x)$는 그림처럼 가로가 h이고 세로가 $f(x)$인 직사각형이 된다.

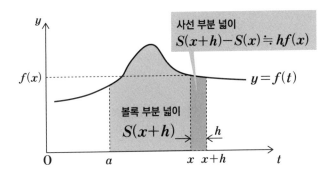

엄밀히 따지면 x부터 $x+h$까지도 $f(t)$의 값이 변화하므로 증가량은 이 직사각형의 넓이와 다르다. 그런데 우리는 극한을 사용하면 이 문제를 해결할 수 있다는 사실을 이제는 안다. 즉, h가 0에 가까운 극한에서는 $S(x+h)-S(x)$를 $f(x) \times h$로 표현한다.

이 $S(x+h)-S(x)=hf(x)$를 사용하면 다음 식과 같이 $S'(x)$는 $f(x)$가 된다는 사실을 알 수 있다. 이렇게 넓이를 미분하면 $f(x)$가 된다는 사

187

실이 확인되었다. 이 결과를 역으로 가면 $f(x)$의 원시함수인 $F(x)$는 넓이의 함수라는 사실을 알 수 있는 것이다.

$$S'(x) = \lim_{h \to 0} \frac{S(x+h) - S(x)}{h}$$

$$= \lim_{h \to 0} \frac{hf(x)}{h}$$

$$= f(x)$$

미분과 적분이 역연산 관계에 있다는 것은 미적분의 중요한 성질이며 '미적분의 기본 정리'라고 불린다.

이것을 수식으로 쓰면 아래와 같다. 이 수식은 $f(x)$를 적분했다가 미분하면 원래대로 돌아온다는 것을 나타낸다.

$$\frac{d}{dx} \int_a^x f(t)\,dt = f(x) \qquad (a는\ 정수)$$

이 식은 앞에서 넓이를 미분했던 이야기로 증명된다. 그 말인즉슨, $f(x)$의 넓이를 x로 미분하면 $f(x)$로 돌아온다는 것이다.

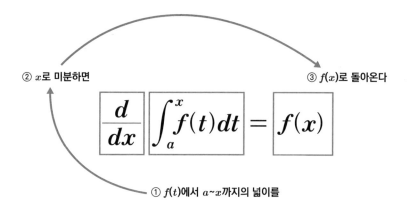

이러한 논리로 넓이(정적분)를 아래의 식과 같이 원시함수를 사용해서 나타낼 수 있다는 사실이 확인되었다.

$$\int_a^b f(x)\,dx = \left[F(x)\right]_a^b = F(b) - F(a)$$

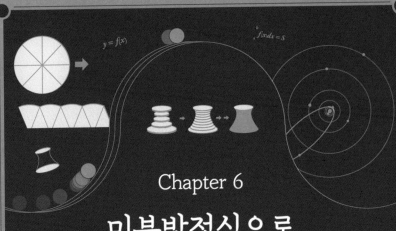

Chapter 6
미분방정식으로
미래 예측하기

지금까지 미적분의 수학적 구조를 알아봤다. 이번 챕터에서는 이 책의
테마 중 하나인 '미적분은 미래를 예측하기 위해 존재한다'는 사실에 대
해 자세히 설명하려고 한다. 다시 말해 미분방정식이다.

앞서 우리는 미분방정식이 식을 만드는 방정식이라는 사실, 그리고 미
분방정식을 사용해서 미래를 예측하는 시뮬레이션을 돌릴 수 있다는 사
실을 살펴보았다.
그 후 미적분의 수학적 구조를 설명했으니, 여기서는 수식을 섞어 가며
미분방정식의 내용을 좀더 파고들어 보겠다.

6-1

미분방정식이란 무엇인가?

미분방정식은 숫자가 아닌 함수(식)를 만드는 방정식이라고 설명했다. 미분방정식을 복습해 보자.

중고등학교에서 배우는 것들 중 많은 사람에게 익숙한 1차 방정식이나 2차 방정식은 식이 주어지고 그것을 만족하는 x(숫자)를 구한다.

그런데 미분방정식은 $y = x^2$ 등의 함수(식)를 해로 갖는다. 일단 큰 차이점은 이렇다.

(일반) 방정식 $2x+6=0$ $x^2+2x+1=0$

풀기 ⬇   풀기 ⬇

해는 수 $x=-3$ $x=-1$

미분방정식 $\dfrac{dy}{dx}=-y$

풀기 ⬇

해는 함수 $y=e^{-x}$

그리고 함수는 물체의 미래를 나타낼 수 있다. 따라서 미분방정식은 수학을 사용해서 미래를 예측할 때 가장 핵심적인 존재인 것이다. 예를 들어 앞에서 소개한 운동방정식이나 맥스웰 방정식 등은 모두 '미분방정식'이다.

그렇다면 미분방정식을 구체적으로 소개해 보겠다. 먼저 제일 단순한 미분방정식부터 알아보자. 여기서 y는 x의 함수를 나타내고, $\dfrac{d}{dx}$ 는 미분을 나타낸다.

이 식은 미분을 해도 자기 자신이 나오는 함수를 뜻한다.

$$\frac{dy}{dx} = y \qquad (y = f(x) \ (y\text{는 } x\text{의 함수를 나타낸다}))$$

f(x)를 미분하면   f(x) 자신이 된다

여기까지만 보고 이 미분방정식의 해는 어떤 함수일지 눈치챈 사람도 있을 것이다. 미분을 했는데 원래 함수가 나온다? 그렇다. 바로 네이피어 수의 지수함수 e^x이다. $y = e^x$은 미분해도 다시 $y = e^x$로 돌아가기 때문에 이 함수는 미분방정식의 해가 된다.

193

그러나 이게 다가 아니니 주의하자. 예를 들어 $y=3e^x$라는 함수를 미분하면 $y'=3e^x$가 되므로 이 미분방정식을 만족한다.

마찬가지로 $y=4e^x$도, $y=-\dfrac{1}{2}e^x$도 이 미분방정식의 해가 된다. 즉, $y=Ce^x$(C는 정수)로 나타내는 모든 함수가 해가 되는 것이다.

원시함수가 1개로 정해지지 않듯이, 미분방정식의 해도 보통은 1개로 정해지지 않는다.

그런데 예를 들어 $x=0$일 때 $y=2$라는 사실을 알면, $y=2e^x$ 1개로 정해진다. 이 함수를 확정시키는 조건을 미분방정식의 세계에서는 초기조건이라고 부른다.

미래를 예측한다고 하지만 현재를 모르면 예측할 수 없다. 예를 들어 '북쪽으로 10km 이동했다. 현재 위치는 어디인가'라고 물어도 어디에 있는지 알 수 없다. '처음에 A라는 장소에 있었는데'라는 정보가 주어져야만 답을 도출할 수 있다.

당연한 말이지만 이런 점이 수학을 사용해서 미래를 예측할 때 장벽이 되기도 한다.

운동방정식으로
사물의 움직임을 예측할 수 있다

미분방정식의 첫 예시는 그 유명한 뉴턴의 운동방정식이다.

초반에 '거속시'의 관계(거리, 속력, 시간의 관계)를 활용하여 미적분을 설명했다. 사실 이 관계의 모든 것은 운동방정식이라는 미분방정식에 포함된다.

운동방정식은 아래와 같이 나타낸다. 살짝 어려워 보이지만, 순서대로 차근차근 설명할 테니 안심해도 된다.

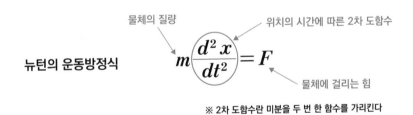

물체의 질량   위치의 시간에 따른 2차 도함수

뉴턴의 운동방정식
$$m\frac{d^2 x}{dt^2} = F$$

물체에 걸리는 힘

※ 2차 도함수란 미분을 두 번 한 함수를 가리킨다

이 식에서 F는 물체가 받는 힘, m은 물체의 질량, x는 위치를 나타낸다. 단, 위치 x는 $x(t)$라고 해서 시간 t를 변수로 하는 함수라는 사실에 주의하자.

195

그리고 x 앞에는 $\frac{d^2}{dt^2}$이 붙어 있는데, 이것은 미분을 두 번 했다는 뜻이다. 위치를 시간으로 미분하면 속력이 되고, 속력을 시간으로 미분하면 가속도가 된다. 따라서 아래와 같다.

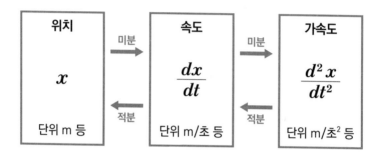

가속도가 익숙지 않을지도 모르지만, 이것은 단위 시간당 속도가 증가하는 크기를 말한다. 예를 들어 2m/초로 움직이는 물체가 2초 후에 6m/초가 되었다고 하면, $\frac{6m/초 - 2m/초}{2초}$ 로 2m/초²가 된다. 이 2m/초²가 가속도이며, 1초 동안 2m/초씩 가속한다는 것을 나타낸다.

그렇다면 이 미분방정식을 풀어서 운동을 해석해 보자.

매끈한 유리 위에서 움직이는 얼음처럼 마찰이 없는 물체를 계속 같은 힘으로 민다고 가정하자. 이때의 움직임을 살펴보겠다.

가하는 힘은 일정하며 F(단위는 N:뉴턴)라고 한다. 뉴턴이란 힘의 단위로 1N은 대략 100g의 물체에 작용하는 중력과 같다. 즉, 대체로 10N이 1kg에 상당하는 힘을 나타낸다는 뜻이다.

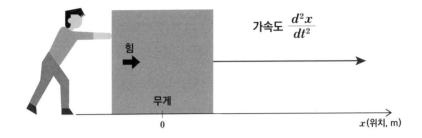

m의 단위는 kg이며 물체의 질량이다. 엄밀히 따지면 질량과 무게는 다르지만, 여기서는 같은 것으로 봐도 무방하다. 그리고 위치 x의 단위는 m(미터)이다. 이번에는 힘 F와 질량 m이 모두 일정하다고 보기 때문에 x만 시간에 따라 변화한다.

운동방정식은 다음과 같이 나타내는데, F와 m이 일정하기 때문에 이 경우에는 가속도 $\frac{d^2x}{dt^2}$도 일정해진다.

$$\frac{d^2x}{dt^2} = \frac{F}{m}$$

$\frac{d^2x}{dt^2}$는 시간으로 위치를 두 번 미분한 가속도이므로, 이 미분방정식을 풀어서 시간과 위치의 관계를 이끌어내기 위해서는 적분을 두 번 해야 한다. 단, 두 번을 한꺼번에 적분하지 말고 먼저 한 번만 적분해서 속도를 구해 보자.

이 미분방정식을 풀면 속도 $\frac{dx}{dt}$는 다음과 같이 주어진다. 이 속도 함수 $\frac{F}{m}t$를 t로 미분해 보면, $\frac{F}{m}$이 된다는 사실을 알 수 있다.

$$\frac{dx}{dt} = \frac{F}{m}t + C_1 \quad \xrightarrow[C_1 = 0]{t=0일\ 때 \quad 속도\ \frac{dx}{dt}\ 는\ 0} \quad \frac{dx}{dt} = \frac{F}{m}t$$

참고로 C_1은 임의의 정수이다. 앞에서 설명했듯이 처음 상태를 알지 못하면 식이 정해지지 않는다. $t=0$일 때 이 물체는 멈춰 있었다고 가정하자. 즉, 속력이 0이므로 $C_1=0$이고, 속력과 시간의 관계는 앞의 그림과 같다.

다시 말해 계속 같은 힘을 줄 때는 속력이 직선적으로 늘어난다는 뜻이다.

이번에는 얻은 속력을 다시 시간으로 적분해 보자. 그러면 미분방정식이 풀리고 위치와 시간의 관계를 얻을 수 있다.

$$x(t)=\frac{F}{2m}t^2+C_2 \quad \xrightarrow[\quad C_2=0 \quad]{\quad t=0\text{일 때 위치 }x\text{는 }0 \quad} \quad x(t)=\frac{F}{2m}t^2$$

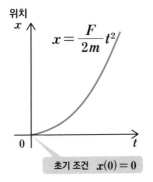

이 위치의 함수인 $\frac{F}{2m}t^2$를 t로 미분했더니 속도의 식 $\frac{F}{m}t$가 나왔다. 게다가 C_2라는 임의의 정수도 나타났다. 이 임의의 정수를 없애려면 역시 초기 조건이 필요하다. 이번에는 $t=0$일 때 $x=0$의 지점에 있었다고 하자. 그러면 $C_2=0$이 되고 시간과 위치의 관계를 정할 수 있다.

이렇게 해서 물체에 일정한 힘을 계속 가했을 때, 속력은 시간에 비례하고 이동 거리는 시간의 제곱에 비례한다는 사실을 알았다. 즉, 속력은 일차함수로 표기되고 이동 거리는 이차함수로 표기되는 것이다.

예를 들어 질량이 50kg인 물체를 50N(뉴턴)의 힘으로 밀었다고 하자. 그러면 2초 후에 속도는 2.0m/초에 위치는 2m, 그리고 3초 후에는 속도가 3.0m/초에 위치는 4.5m에 있게 된다. 이처럼 운동방정식이라는 미분방정식을 사용하면 어떤 시간에 물체가 어디에 있고 속도는 어떤지 예측할 수 있다.

이 경우에 속도는 시간에 비례하고 위치는 시간의 제곱에 비례한다.

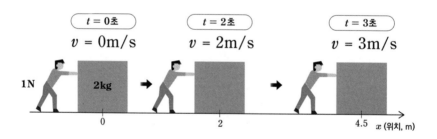

여기서 '매끈하다', '마찰이 없다', '힘 F는 일정하다'라는 키워드가 잘 만들어진 예제 같아서 의아한 사람도 있을 것이다. 실제로 마찰이나 힘을 시간 변동에 따라 운동방정식에 넣는 것은 가능하다. 그런 식으로 운동방정식을 세우면 가속도를 적분해서 속도 함수를 나타낼 수 있다. 또한 속도를 적분하면 위치를 구할 수 있다.

단 그럴 경우에는 미분방정식이 복잡해져서 이 예시처럼 함수 x를 엄밀하게 수식으로 구하기란 일반적으로 불가능하다. 그렇기 때문에 짧은 시간 간격으로 미분해서 기울기를 구하거나, 짧은 시간 간격으로 적분해서 넓이를 구한다.

이런 방법으로 연구하는 것을 수치 해석이라 부르는데, 고등학교 과정에는 없지만 대학에서 수학이나 공학을 전문적으로 배우는 사람에게는 필요한 과목이다.

'45000년 전에 살았던 생물의 화석이 발견되었습니다.'

아마 이 말은 대부분의 사람이 어색함 없이 받아들일 것이다. 하지만 잘 생각해 보면 이상하지 않은가? 45000년 전의 화석이라는 걸 어떻게 알았을까? 4만 년 전도 아니고 5만 년 전도 아닌 45000년 전이라는 걸 말이다.

사실 연대 추정에는 미분방정식과 관계되는 현상이 숨어 있다.

탄소-14라 불리는 원자가 있다. 일반 탄소는 원자량이 12인데, 아주 미량이긴 하지만 '일반 탄소'와 달리 원자량이 14인 탄소가 존재하는 것이다.

원자량이 14인 이 탄소는 수십 킬로미터 상공에 있는 성층권, 우리가 프레온 가스의 오염 문제로 잘 알고 있는 오존층이 있는 곳에서 생성된다. 그리고 공기 중에 어떤 일정 비율로 섞여 있다. 그래서 호흡을 하는 생물이나 광합성을 하는 식물 안에는 일정한 비율로 탄소-14가 존재한다.

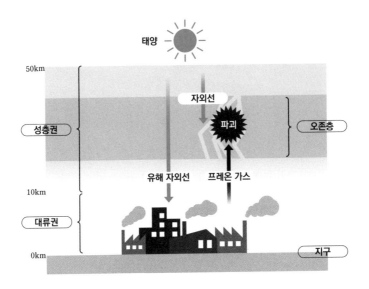

그런데 죽거나 말라버리면 그 시점에서 외부의 탄소를 받아들이지 못하기 때문에 새로운 탄소-14는 더 이상 들어오지 않는다.

그런데 탄소-14는 불안정하기 때문에 어떤 확률에 따라 안정적인 질소로 변한다. 따라서 죽은 동물이나 마른 식물의 내부에서 탄소-14는 점점 줄어든다. 그 탄소-14에서 질소로 바뀌는 것을 미분방정식으로 나타낼 수 있다.

t년 후 탄소-14의 개수를 함수로 $N(t)$라고 하면, 다음과 같은 미분방정식이 성립한다. 여기서 λ는 원소의 종류에 따라 정해지는 정수인데, 이것이 클수록 탄소-14가 줄어드는 속도가 빨라진다.

$$\frac{dN}{dt} = -\lambda N$$

이 미분방정식을 풀면, 임의의 정수 C를 사용해서 $N(t)=Ce^{-\lambda t}$ 라고 쓸 수 있다. 이때 $t=0$인 탄소-14의 개수를 N_0이라고 하면, $N(t)=N_0 e^{-\lambda t}$가 된다(필요에 따라 Chapter 7의 지수함수와 미분을 참조하자).

이것을 그래프로 나타내면 다음과 같다. 지수함수란 같은 비율로 감소하는 함수를 말한다. 예를 들어 N_0에서 절반이 되기까지 걸리는 시간, 그리고 거기서 다시 절반(N_0에서 4분의 1)이 되기까지 걸리는 시간이 같다.

이 $N(t)$를 그래프로 그려 봤는데, 여기서는 반감기를 T로 썼다. 반감기란 어떤 시점에서 $N(t)$가 절반이 되기까지 걸리는 시간이다.

그래프를 보면 초깃값인 N_0부터 T가 경과할 때마다 $N(t)$가 절반이 된다는 것을 확인할 수 있다.

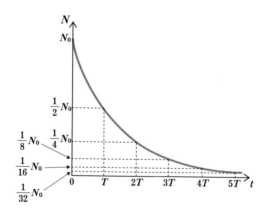

이 변화는 상당히 정확하게 일어나기 때문에 화석 안에 들어 있는 탄소-14의 비율을 보면 거꾸로 그 생물의 사후 경과 시간(식물이라면 말라죽은 후)을 알 수 있다.

탄소-14의 경우 반감기는 5730년이라고 한다. 따라서 화석의 탄소-14 비율이 대기의 탄소-14 비율과 50:50이라면 5730년 전, 4분의 1이라면 11460년 전이라고 추정할 수 있는 것이다.

참고로 탄소-14가 질소-14로 변화하는 것을 '방사성 붕괴'라고 하는데, 최초 원자가 절반이 되기까지 걸리는 시간을 '반감기'라고 부른다.

이 말을 방사선이나 방사능 이야기에서 들은 적이 있는 사람도 많을 것이다. 예를 들어 원자력 발전소에서 '핵폐기물'로 배출되는 플루토늄 239도 똑같이 방사성 붕괴를 한다. 플루토늄 239는 알파선이라는 방사선을 방출하고 우라늄 235라는 원자로 바뀐다. 이 변화에 걸리는 시간(반감기)은 약 24000년이다. 다시 말해 24000년이 지나야 절반이 된다는 것이므로 미분방정식을 세워서 플루토늄 239가 미래에 어떻게 변화할지 예측해 볼 수 있다.

플루토늄 239는 24000년 지나야 겨우 절반이 된다. 그동안 유해한 방사선을 계속 내뿜는 셈이다. 이처럼 핵폐기물은 아주 오랜 시간에 걸쳐 방사선을 내뿜기 때문에 처리하기가 정말 어렵다.

생물의 개체 구하기

지금까지 운동방정식이나 원자 붕괴 등, 물리 분야에서 활용하는 미분방정식에 대해 알아봤다. 그런데 미분방정식은 물리 분야뿐 아니라 생물학이나 약학 등의 자연과학 분야, 나아가 경제학이나 사회학 등의 인문학에도 사용된다.

그러나 이들 분야에서는 물리처럼 '○○ 방정식'이라는 절대적인 미분방정식이 있는데, 거기에서 모든 것을 이끌어내는 흐름은 아니다. 오히려 처음에 결과가 있고, 거기에 맞는 미분방정식을 찾아서 해석하는 경우가 많다.

예를 들어 어떤 생물의 개체수를 해석한다고 하자.

어떤 생물의 개체수를 새로운 환경에 놓는다. 순조롭게 개체수가 늘어가는 경우, 개체수의 시간 추이는 다음과 같은 관계가 된다고 알려져 있다.

이것을 '로지스틱 함수'라고 부른다. $t = 0$일 때부터 점점 증가하다가 어떤 수를 넘어서 갑자기 늘어나기 시작하더니, 점점 더 늘어서 포화(일정 수가 된다)하는 것이다. 감각적으로도 이해가 가는 결과이다.

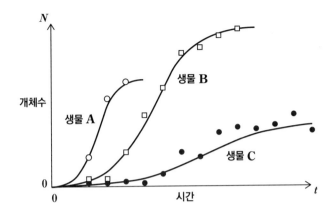

이 곡선이 어떤 식으로 나오는지, 미분방정식을 사용해서 해석할 수 있다.

먼저 간단하게 개체수가 '개체수의 증가(기울기)'에 비례한다고 생각해 보자. 예를 들어 아래 그림처럼 1마리당 새끼 3마리를 낳는다고 가정하면, 증가 수도 원래 개체수에 비례한다. 여기까지는 이해가 갈 것이다.

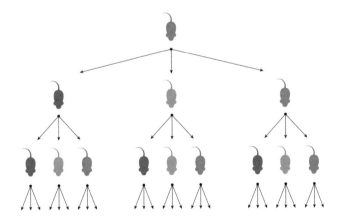

이때 개체수를 시간 t의 함수인 $N(t)$, α를 어떤 양의 정수라고 했을 때 미분방정식은 아래와 같다.

$$\frac{dN}{dt} = \alpha N$$

이 식을 풀어서 해답을 구하면 다음과 같다. 초깃값을 N_0로 했을 때, 그 지점을 시작으로 급격하게 끝없이 증가하는 것이다. 당연한 이야기지만 말이다.

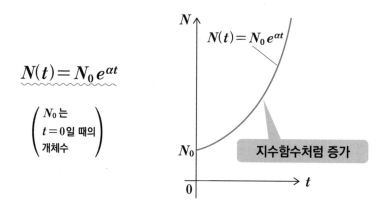

$$N(t) = N_0\, e^{\alpha t}$$

$$\begin{pmatrix} N_0 \text{는} \\ t = 0 \text{일 때의} \\ \text{개체수} \end{pmatrix}$$

그러나 실제로는 불가능한 일이다. 이런 현상이 일어난다면 지구는 당장 그 생물로 흘러넘칠 것이다. 즉, 단순히 증가만 하는 게 아니라 감소하는 효과도 있다는 이야기다.

다음으로는 개체수가 점점 늘어나면서 한 마리당 먹을 수 있는 먹이가 줄어든다고 보고, 개체수가 늘어날수록 개체의 증가 속도가 줄어드는 성분을 넣어 보자. 아래처럼 말이다.

앞에 나온 α에 μ라는 양의 정수가 더해졌다. α는 개체수가 늘어남에 따라 증가 페이스를 더 늘리려는 정수이고, μ는 개체수가 늘어남에 따라 증가 속도를 줄이려는 정수다.

$$\frac{dN}{dt} = \alpha N - \mu N = (\alpha - \mu)N$$

개체수 N이 늘어나면 증가 속도가 늘어나는 항

개체수 N이 늘어나면 증가 속도가 줄어드는 항

해 ➡ $N(t) = N_0\, e^{(\alpha - \mu)t}$ (N_0 는 $t = 0$ 에서의 개체수)

이 미분방정식의 해가 되는 그래프는 α-μ의 값에 따라 결정된다. α-μ가 0보다 크면 점점 늘어나고, 0보다 작으면 0을 향해 줄어든다.

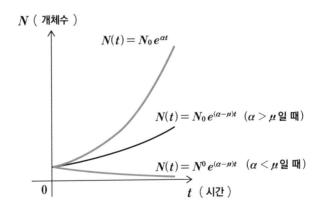

N (개체수)

$N(t) = N_0\, e^{\alpha t}$

$N(t) = N_0\, e^{(\alpha - \mu)t}$ ($\alpha > \mu$ 일 때)

$N(t) = N^0\, e^{(\alpha - \mu)t}$ ($\alpha < \mu$ 일 때)

0

t (시간)

적어진다는 것은 멸종을 뜻한다. 멸종 생물도 실제로 있으니 가능한 이야기일 것이다.

늘어나는 경우에는 처음보다는 늘어나는 속도가 확실히 느려지긴 하지만, 시간이 지나면 끝없이 늘어나기 때문에 처음에 제시한 것처럼 실제 생물의 개체수와는 일치하지 않는다. 그 말은 역시 무언가가 있다는 뜻이다.

데이터를 자세히 살펴보면, 처음 상태에서 늘어나는 과정은 앞에서 구한 식과 비슷하다는 걸 알 수 있다. 즉, 늘어나기 시작했을 때는 그대로 둬도 되는데, 개체수가 많아졌을 때는 더 강한 제어가 걸리도록 하면 되는 것이다.

개체수의 실측값

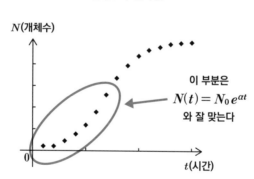

N(개체수)

이 부분은
$N(t) = N_0 e^{at}$
와 잘 맞는다

t(시간)

이때 증가 속도의 감소 기울기가 N에 비례한다고 한 것을 N^2에 비례한다고 해 보자. N보다 N^2의 증가 속도가 빠르다. 즉, 제어가 강하다는 뜻이다.

이번에는 α에 더해 β라는 양의 정수가 사용되었다. β는 앞에 나온 μ와 마찬가지로 개체수가 늘어나면 증가 속도가 줄어드는 정수인데, N^2에 걸려 있기 때문에 N이 늘어나면 앞에 나온 μ보다도 개체수 증가를 저지하는 효과가 강해진다.

$$\frac{dN}{dt} = \alpha N - \beta N^2$$

이 미분방정식을 풀면 결과는 아래와 같다. 이 식에는 임의의 정수 C_0가 포함되어 있는데, 이것은 $N(0)$, 그러니까 초기 조건을 만족하도록 결정된다.

$$N(t) = \frac{\alpha}{\beta} \cdot \frac{1}{1 + C_0 e^{-\alpha t}}$$

다음으로 이 함수를 그래프로 그린 결과를 살펴보자. 이 함수는 처음 상태에서 개체수가 점점 늘어났고, 어떤 지점부터 더 이상 오르지 않아서 실제 결과가 잘 나타나 있는 듯하다.

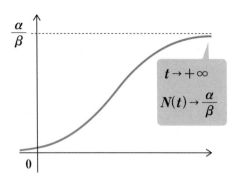

그리고 아래 그래프처럼 여기에서 α와 β의 값을 바꿨더니 다양한 생물의 개체수를 표현할 수 있게 되었다. α는 늘어나는 속도의 계수이기 때문에 번식력의 세기를 나타낼 것이다. 그러나 β는 수가 늘어날 때 걸리는 제어의 크기를 나타낸다.

이 α와 β(그리고 C_0)를 조정하여 다양한 생물의 시간과 개체수의 관계를 표현할 수 있다. 그러면 그 계수를 비교해서 생물을 분석할 수 있

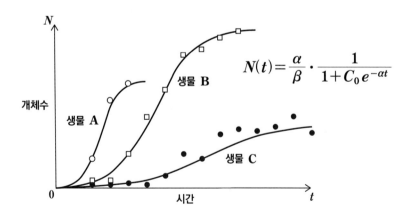

$$N(t) = \frac{\alpha}{\beta} \cdot \frac{1}{1 + C_0 e^{-\alpha t}}$$

게 된다.

예를 들어 생물 X의 경우, α는 생물 Y와 비슷한 정도이며 β가 Y보다 작다. 생물 Z의 경우는 α와 β 모두 X보다 작다. 이러한 계수를 생물 사이에서 비교했을 때 그 특징이 보이기도 한다.

또한 같은 생물이라도 환경에 따라 곡선이 달라진다. 생물이 어떤 환경에 적응하는가, 어떤 성질을 가졌는가를 연구할 때도 유용하다.

근래에는 수산 자원을 보호하는 데 이러한 사고법이 쓰인다. 어떤 특정한 물고기, 만약 다랑어를 마구 잡아들이면 그 수가 점점 줄어들어 멸종 위기에 처하게 된다. 그래서 남획하지 않도록 어획량을 할당하는데, 어획량을 계산할 때도 이런 미분방정식을 응용할 수 있다.

이런 문제가 있을 때 어느 정도 잡으면 급격히 수가 줄어들어 멸종에 가까워지는지, 최소 라인이 있기도 하다. 그 라인을 예측할 수 있다면 물고기 보호에 매우 유익하지 않을까?

이런 식으로 실제 일어나는 현상을 수학으로 예측하고 해석하는 것, 이 역시 미분방정식의 힘이다.

6-5 적도와 북극에서 체중이 달라진다

평소에 생활하면서 지구가 돌고 있는 것 때문에 영향을 느끼는 사람은 없을 것이다. 하지만 확실히 지구는 돌고 있고, 우리에게도 어느 정도 영향이 있다.

'적도와 북극에서는 체중이 달라진다'라는 이야기를 들어본 적이 있는가? 지구는 이런 식으로 회전한다.

그래서 적도 부근에서는 바깥쪽(사람의 관점에서 보면 하늘 방향)으로 원심력을 크게 받는다. 그런데 북극이나 남극에서는 원심력을 받지 않기 때문에 적도 부근보다 체중이 무거워진다.

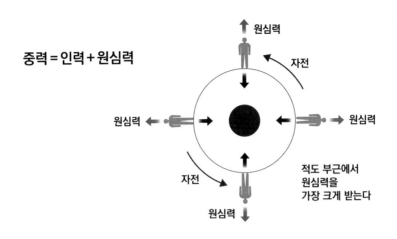

중력 = 인력 + 원심력

여기서는 운동방정식을 2차원으로 사용해서 어떤 영향을 받는지 구해 보자. 운동방정식은 '딱 봐도 수학이나 물리 문제'일 것 같은 1차원 문제뿐만 아니라, 2차원과 3차원 세계에서도 사용할 수 있다.

아래 내용을 꼼꼼하게 이해하려면 벡터 지식이 필요한데, 그 지식 없이 (가로, 세로) 정도만 알면 거의 이해할 수 있도록 설명하겠다.

먼저 적도를 중심으로 지구를 뚝 잘랐을 때의 좌표를 생각해 보자. 이때 인간은 중심 방향으로 인력을 받는다. 지구에서 적도 부근인 인도네시아의 뒤쪽은 브라질 부근이라고 한다. 그래서 인도네시아인과 브라질인은 그림과 같은 위치 관계에 있다. 그리고 여기에서 r은 지구의 반지름을 나타낸다. 그리고 지구는 자전하므로 하루에 한 바퀴를 돈다.

215

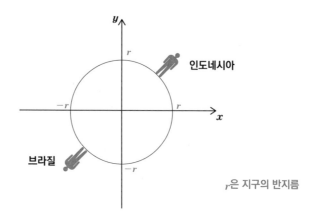

r은 지구의 반지름

참고로 그림에서는 x, y 좌표를 사용했는데, 지금까지 나온 함수 그 래프처럼 y는 $y = f(x)$라는 함수의 입력과 출력 관계가 아니다. 이곳은 2차원 세계이므로 단순히 가로축과 세로축의 위치를 나타냈다.

여기서 지표상에 있는 사람을 생각해 보자. 지구의 인력은 지구의 중 심을 향해 작용하기 때문에 지표에 있는 사람은 모두 안정되어 있다.

이제 운동방정식을 사용해서 이 사람에게 걸리는 원심력을 구해 보 자. 여기부터 삼각 함수를 쓸 테니 자신이 없는 사람은 Chapter 7의 삼 각 함수 미적분 부분을 먼저 읽고 다시 돌아오면 된다. 하지만 삼각 함 수를 잘 몰라도 대충 분위기를 알 수 있도록 설명했으니 이대로 읽어 도 괜찮다.

A 지점에서 t초 후의 위치 P라고 할 때, 원 위를 움직이는 P의 x좌

표와 y좌표는 삼각 함수를 사용해서 $r\cos\omega t$와 $r\sin\omega t$로 나타낼 수 있다. r은 반지름, t는 시간(초)이다.

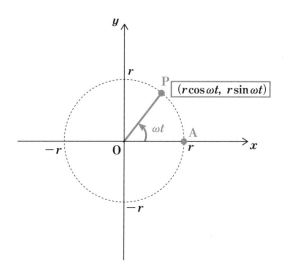

ω는 각속도라고 해서 회전 운동을 할 때 각도의 속도를 나타낸다. 예를 들어 100초 동안 1회전을 하는 원 운동이라면 각속도는 360°÷100초=3.6°/초가 된다. 단, 수학의 세계에서 각도는 라디안을 쓴다. 라디안이란 다음과 같이 360°를 2π로 나타낸 각도의 단위이다.

오른쪽 그림처럼 반지름이 1인 원의 부채꼴 호의 길이 θ를 사용해서 각도를 θ(라디안)이라고 정의한다. 반지름이 1일 때, 원둘레는 2π(π는 원주율)가 되므로 도수법 $360°$는 2π(라디안)가 된다.

$$1° = \frac{\pi}{180}\text{(라디안)} \qquad 1\text{(라디안)} = \left(\frac{180}{\pi}\right)°$$

예) $30° \rightarrow \dfrac{\pi}{6}$, $45° \rightarrow \dfrac{\pi}{4}$ (라디안)

$180° \rightarrow \pi$ (라디안), $360° \rightarrow 2\pi$ (라디안)

위치가 $(r\cos\omega t, r\sin\omega t)$라는 것을 알았으니 이제 속도를 구해 보자. 복잡하게 보이지만, 단순히 위치를 t로 미분하기만 하면 된다. 뒤에서 설명하겠지만 $\sin x$를 미분하면 $\cos x$, $\cos x$를 미분하면 $-\sin x$가 되는 성질을 사용하면 속도는 $(-r\omega\sin\omega t, r\omega\cos\omega t)$가 된다.

이 속도의 크기는 다음과 같은 식으로 구할 수 있고, 원운동 속도의 크기는 $r\omega$가 된다.

$$\textbf{(속도의 크기)} = \sqrt{(-r\omega\sin\omega t)^2 + (r\omega\cos\omega t)^2} = r\omega$$

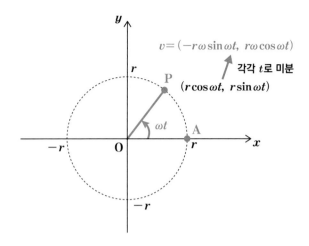

$$v = (-r\omega\sin\omega t,\ r\omega\cos\omega t)$$

각각 t로 미분

$$(r\cos\omega t,\ r\sin\omega t)$$

ωt

A

r이 지구의 반지름으로 약 6,400km, ω는 각속도로 지구는 하루에 1회전(360°) 하니까 속도는 360°÷(24(시간)×60(분)×60(초))로 0.0042°/초 정도가 나온다. 이것을 라디안으로 바꿔서 $r\omega$에 넣으면 약 465m/초가 된다. 그리고 시속으로 바꾸면 약 1,680km/시가 된다.

이는 음속을 훨씬 뛰어넘는 속도다. 자전 속도가 이렇게 빨랐나 싶을 것이다. 그런데 지구상에 있는 사람들은 이 속도를 느낄 일이 없다.

다시 넘어가서 이번에는 가속도를 구해 보자.

속도가 $(-r\omega\sin\omega t,\ r\omega\cos\omega t)$가 되었으니, 가속도는 이것을 다시 t로 미분해서 $(-r\omega^2\cos\omega t,\ -r\omega^2\sin\omega t)$가 된다.

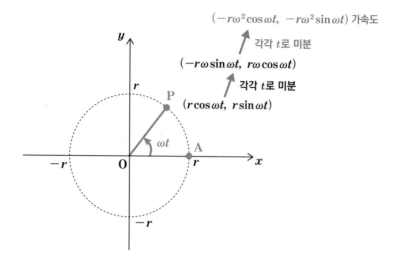

이 가속도의 크기는 아래 식과 같이 $r\omega^2$으로 나타낸다.

$$\textbf{(가속도의 크기)} = \sqrt{(-r\omega^2\cos\omega t)^2 + (-r\omega^2\sin\omega t)^2} = r\omega^2$$

그리고 r과 ω에 지구의 반지름과 자전의 각속도를 대입하면, 약 0.033m/초^2 정도가 나온다. 이 가속도를 체중이 50kg인 사람에게 적용하면, 약 160g에 상당하는 힘을 받는 셈이 된다.

실제로 지구는 타원형이라서 그림과 같이 북극보다 적도의 거리가 중심에서 살짝 더 멀다. 즉, 극지방 쪽이 지구의 중심과 가깝기 때문에 애초부터 인력을 더 많이 받는 것이다.

이 효과까지 포함하면 적도에서는 극지방보다 대략 0.5% 정도 중력이 작아진다.

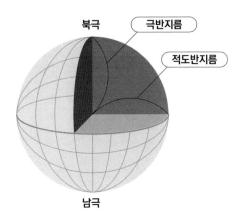

이 차이를 인간에게 적용하면, 예를 들어 북극에서 50kg인 사람이 적도 위로 이동하면 250g 정도 줄어들게 된다.

운동방정식을 풀어 보니 이런 차이까지 설명할 수 있다니, 역시 운동방정식은 위대하다.

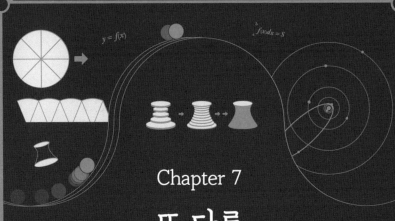

Chapter 7

또 다른
미적분 이야기

지금까지 미적분의 구조나 응용 분야에 대한 이야기는 전부 다 쏟아냈다. 하지만 중요한데도 한꺼번에 전체적인 그림을 보기 위해 생략한 항목도 있다.

여기서는 고등학교에서 학습하는 미적분이나 함수 중에서도 살짝 어려운 항목에 대해 자세히 설명하려고 한다. 고등학교에서 배웠을 때는 뭐가 뭔지 몰랐더라도 이제 미적분의 기본 구조를 익힌 여러분이라면 할 수 있다. 꼭 도전해 보길 바란다.

지수, 대수함수와 미적분

지수는 2^5와 같이 숫자의 오른쪽 위에 작은 숫자를 달고 다닌다. 이 것은 그 숫자를 곱하는 횟수를 나타낸다. 그러니까 2^2은 2×2이고, 2^3은 $2 \times 2 \times 2$이다.

이런 지수를 여러모로 따지다 보면 다음과 같은 성질이 성립한다.

- $a^n = a \times a \times \cdots\cdots \times a$ (a를 n번 곱한다)

   예) $2^5 = 2 \times 2 \times 2 \times 2 \times 2 = 32$

- $a^n \times a^m = a^{(n+m)}$

   예) $2^3 \times 2^2 = 2^{(3+2)} = 2^5 = 32$

- $a^n \div a^m = a^{(n-m)}$

   예) $2^4 \div 2^2 = 2^{(4-2)} = 2^2 = 4$

- $(a^n)^m = a^{(n \times m)}$

   예) $(2^2)^3 = 2^{(2 \times 3)} = 2^6 = 64$

2를 3번 곱하고 싶다면 그냥 '$2 \times 2 \times 2$'라고 쓰면 되지 왜 굳이 지수 라는 것을 생각해 냈을까? 사실 지수를 사용하면 곱셈이 덧셈이 되고,

나눗셈이 뺄셈이 되니까 편리하다는 점이 그 배경에 깔려 있다.

예를 들어 256×1024라는 복잡한 곱셈도 $2^8 \times 2^{10} = 2^{18}$처럼 지수로 나타내면 아주 간단하다. 그런데 이때 a^n에서 n은 자연수이다. 왜냐하면 지금까지 설명했던 것으로 미루어 보아 2^0이나 2^{-1}이나 $2^{\frac{1}{2}}$ 등은 생각할 수 없기 때문이다. 2를 0번이나 -1번 곱한다니, 말이 되지 않는다. 하지만 이런 것을 따지고 생각하는 것이 바로 수학이라는 학문이다.

그렇다면 지수를 0이나 분수로도 사용하는 방법을 생각해 보자. 처음에는 2^0과 같이 지수가 0이 되는 경우, 다음으로 2^{-2}와 같이 지수가 음수가 되는 경우, 마지막으로 $2^{\frac{1}{2}}$과 같이 지수가 분수가 되는 경우다.

먼저 지수가 0이 되는 경우를 살펴보자. 이때는 $2^2 \div 2^2$라는 계산을 생각해 보면 힌트를 얻을 수 있다. 지수의 법칙으로 생각하면 $2^2 \div 2^2 = 2^0$인데, 실제로 풀어 보면 $2^2 \div 2^2 = 4 \div 4 = 1$이다. 그러니까 $2^0 = 1$이고, 실제로 이것은 모든 양의 수 a에 성립하므로 $a^0 = 1$이라고 하겠다.

다음으로 지수가 음수가 되는 경우다. 이때는 $2^2 \times 2^{-2}$라는 계산을 생각해 보면 힌트를 얻을 수 있다.

지수의 법칙으로 생각하면 $2^2 \times 2^{-2} = 2^0 = 1$이 된다. 여기서 $2^2 = 4$이므로 $2^{-2} = \dfrac{1}{4} = \dfrac{1}{2^2}$이다. 이것도 모든 양의 수 a와 n에 성립하니까 $a^{-n} = \dfrac{1}{a^n}$이다.

마지막으로 지수가 분수인 경우다. 예를 들어 $2^{\frac{2}{3}}$이라는 숫자를 생각해 보자. $(a^n)^m=a^{(n\times m)}$이라는 공식을 반대로 사용하면 $2^{\frac{2}{3}}=(2^{\frac{1}{3}})^2$로 생각할 수 있다.

여기서 $2^{\frac{1}{3}}$이라는 수를 3번 곱하면 $2^{\frac{1}{3}}\times2^{\frac{1}{3}}\times2^{\frac{1}{3}}=2$가 된다. 즉, 3번 곱하면 2가 되는 숫자인 셈이다. 이것을 2의 3제곱근이라고 부르고, $\sqrt[3]{2}$라고 쓴다. 따라서 $2^{\frac{1}{3}}=\sqrt[3]{2}$가 되는 것이다. 마찬가지로 $2^{\frac{1}{2}}$은 $\sqrt{2}$로 나타낸다.

이 설명으로 보아 $2^{\frac{2}{3}}=(\sqrt[3]{2})^2=\sqrt[3]{2^2}$가 된다. 이것도 모두 양의 수 a와 자연수 n, m에 성립하므로 $a^{\frac{n}{m}}=\sqrt[m]{a^n}$가 된다.

이렇게 지수를 분수, 다시 말해 유리수 전체까지 확장해 봤다. 설명하겠지만, 마찬가지로 지수는 모든 무리수(분수로 나타낼 수 없는 수)까지도 확장할 수 있다.

위의 내용을 정리하면 x를 모든 실수로 확장할 수 있고, 지수에는 앞의 성질과 더불어 아래와 같은 성질이 추가된다.

● $a^0=1$ (모든 수의 0제곱은 1)

예) $3^0=2^0=5^0=1$

● $a^{-n}=\dfrac{1}{a^n}$

예) $2^{-3}=\dfrac{1}{2^3}=\dfrac{1}{8}$

● $a^{\frac{n}{m}}=(\sqrt[m]{a})^n=\sqrt[m]{a^n}$ ($\sqrt[m]{a}$는 m제곱하면 a가 되는 수)

예) $8^{\frac{2}{3}}=\sqrt[3]{8^2}=(\sqrt[3]{2^3})^2=2^2=4$

● 모든 양의 실수 b는 a(1 이외의 양의 실수)와 어떤 실수 x를 사용해서 $b=a^x$로 나타낸다

예) $23.4=10^{1.3692\cdots}$ (무리수라서 영원히 이어진다)

지수가 자연수로만 정의되어 있으면 지수함수 $y=2^x$의 그래프는 점으로만 정의된다. 분수나 무리수까지 확장해야 선이 되는 것이다. 점의 함수는 미분할 수 없지만, 선의 함수는 미분할 수 있다. 이렇게 해서 지수가 '지수함수'가 되어 더 편리하게 쓸 수 있다.

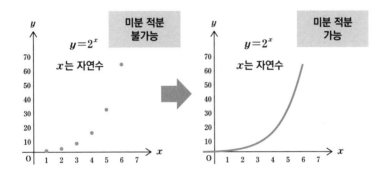

이번에는 대수에 대해 알아보자. 대수란 지수와 반대 개념이다.

지수는 '$y=2^x$, 즉 2의 x제곱의 값은 몇인가?'라는 문제였다. 예를 들어 $y=2^3$, 그러니까 2를 3제곱하면 8이 된다는 사고법이다.

그런데 대수는 이것의 역함수이다. 다시 말해 $x=2^y$라는 관계가 있고, '어떤 수 x는 2를 몇 제곱한 수인가?'라는 질문이다. 이것은 $y=\log_2 x$라고도 표현할 수 있다. 예를 들어 $\log_2 8$, 즉 8은 2를 3제곱한 수라는 뜻이다.

왜 하필 어려워 보이는 'log'라는 기호를 사용했을까? 그 이유는 일반적으로 대수는 유리수로 나타내지 못하고 무리수가 되기 때문이다. 즉, $2^x=8$이라고 했을 때 $x=3$을 간단히 구할 수 있지만, $2^x=5$라고 했을 때 x는 무리수가 된다. 따라서 그 수를 $x=\log_2 5$로 표현하기로 한 것이다.

대수에는 다음과 같은 관계가 있다. 여기서 기본적인 관계를 확실히 짚고 넘어가자.

$a^x=p$를 만족하는 x의 값을 '$x=\log_a p$'로 나타낸다.

이때 a를 밑이라고 부른다.

　예) $\log_{10} 1000 = 3 \ (10^3=1000)$

● $\log_a 1 = 0$

　예) $\log_2 1 = 0 \ (2^0=1)$

● $\log_a a = 1$

　예) $\log_2 2 = 1\ (2^1 = 2)$

● $\log_a M^r = r\log_a M$

　예) $\log_2 2^4 = 4\log_2 2 = 4$

● $\log_a (M \times N) = \log_a M + \log_a N$

　예) $\log_2 (4 \times 16) = \log_2 4 + \log_2 16 = \log_2 2^2 + \log_2 2^4 = 2 + 4 = 6$

● $\log_a (M \div N) = \log_a M - \log_a N$

　예) $\log_2 (4 \div 16) = \log_2 4 - \log_2 16 = \log_2 2^2 - \log_2 2^4 = 2 - 4 = -2$

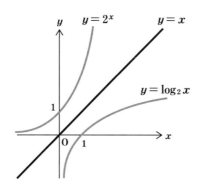

대수 그래프를 그리면 다음과 같다. 지수함수는 급격히 증가한다고
이야기했는데, 대수함수는 지수함수의 역함수이므로 증가가 매우 느

린 함수다. 그리고 밑이 같은 경우에는 $y=x$의 직선을 사이에 두고 지수함수와 대칭 관계가 된다.

다음으로 지수함수와 대수함수의 도함수에 대해 설명하겠다.

지수함수 $y=a^x$, 대수함수 $y=\log_a x$를 미분하면 다음과 같다.

$$(e^x)' = e^x \qquad\qquad (\log_e x)' = \frac{1}{x} \qquad \text{※ } (e^x)'\text{는 } e^x\text{의 도함수를 나타낸다.}$$

$$(a^x)' = a^x \log_e a \qquad (\log_a x)' = \frac{1}{x\log_e a}$$

지수함수 $y=a^x$의 도함수는 a^x에 $\log_e a$를 곱한 형태가 된다. e는 앞에서 이야기한 네이피어 수이다. 따라서 $a=e$일 때 $\log_e e = 1$이 되고,

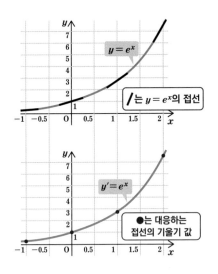

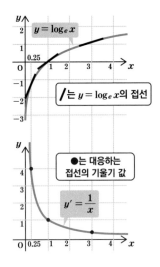

함숫값과 기울기의 값이 일치한다.

$\log_e x$의 그래프는 미분하면 $\dfrac{1}{x}$이 된다. x가 점점 커지면 기울기가 점점 작아지므로 증가 속도가 느려진다는 것을 알 수 있다.

그리고 부정적분(원시함수)은 아래와 같다. 미분하면 원래 함수로 돌아간다는 것을 확인하자.

$$\int e^x \, dx = e^x + C$$

$$\int a^x \, dx = \frac{a^x}{\log_e a} + C \quad (a > 0, \ a \neq 1)$$

$$\int \log_e x \, dx = x \log_e x - x + C$$

7-2 삼각 함수와 미적분

삼각 함수는 아래와 같이 직각삼각형을 오른쪽에 직각이 오도록 놓았을 때, 변의 비율이 정의된다. 직각삼각형이므로 1개의 각은 90°이고, 3개의 각의 합은 180°이므로 θ에서 얻을 수 있는 값은 $0° < \theta < 90°$가 된다.

$$\sin\theta = \frac{a}{c} \quad \cos\theta = \frac{b}{c} \quad \tan\theta = \frac{a}{b}$$

그러나 앞서 나온 지수에서도 그랬지만, 수학 전문가는 여기에서 만족하지 않는다. θ가 0° 이하일 때나 90° 이상일 때로도 확장하려고 한다.

그래서 삼각형을 떠나 오른쪽과 같이 좌표상에 있는 단위원을 생각해 보겠다. 그리고 단위원상의 점 P에 대해 중앙에 있는 각을 θ로 두겠다. 이때 $\sin\theta$를 P의 y좌표, $\cos\theta$를 P의 x좌표, $\tan\theta$를 $\frac{y}{x}$라고 하면 방금 나온 직각삼각형의 정의와 모순되지 않고 θ의 범위를 확대할 수 있다.

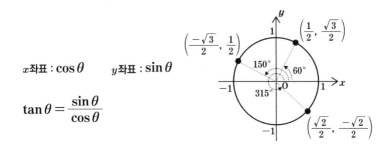

x좌표 : $\cos\theta$　　y좌표 : $\sin\theta$

$$\tan\theta = \frac{\sin\theta}{\cos\theta}$$

　그리고 음의 각도를 좌회전이 아니라 우회전할 때로 정하면 음으로 도 확장할 수 있다. 나아가 360° 이상은 2회전, 3회전 등 여러 번 회전 하는 것이라고 생각하면 θ를 모든 실수로 확장할 수 있다.

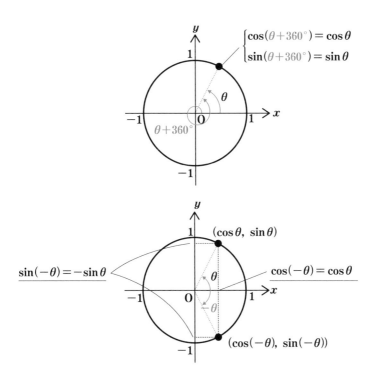

다음으로 $\sin\theta$, $\cos\theta$, $\tan\theta$의 그래프를 그려 보겠다. 이것을 보면 '파' 라는 사실을 알 수 있을 것이다. 실제로 삼각 함수는 일상에서 응용될 때 삼각이라기보다 파를 나타내는 함수로 사용되는 경우가 많다.

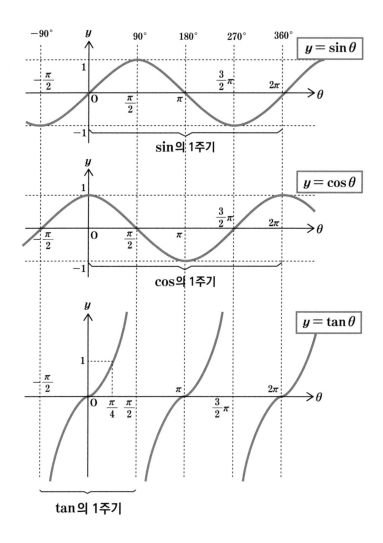

$\tan\theta$는 $\dfrac{\sin\theta}{\cos\theta}$로 나타내기 때문에 $\cos\theta=0$이 되는 $\dfrac{\pi}{2}$ (90°) 등에서는 분모가 0이 되므로 정의되지 않는다. 또한 $\sin\theta$나 $\cos\theta$의 주기가 2π(360°)인데 반해, $\tan\theta$의 주기는 절반인 π(180°)가 된다.

참고로 x축은 각도를 도(°)가 아니라 라디안으로 나타낸다. 위쪽에 '도'로도 표시했으니 잘 모르겠으면 이쪽을 참조하길 바란다.

다음으로 삼각 함수의 도함수를 나타내 보겠다. 여기서 각도의 단위를 라디안으로 나타냈는데, '$\sin x$의 도함수가 $\cos x$가 되기 때문'이라는 이유가 있다.

이 단위가 도(°)가 되면 $\sin x°$의 도함수는 단순히 $\cos x°$가 되지 않고 $\dfrac{\pi}{180}\cos x°$가 되기 때문에 다루기가 까다로워진다.

$$(\sin x)' = \cos x \qquad (\tan x)' = \frac{1}{\cos^2 x}$$
$$(\cos x) = -\sin x$$

$\sin x$과 $\cos x$의 도함수 그래프를 그려보았다. 삼각 함수의 기울기가 그 도함수라는 사실을 감각적으로 캐치하자.

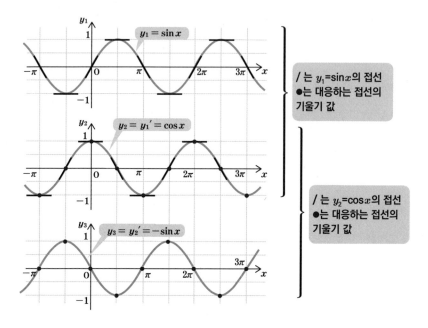

$y_1 = \sin x$

/ 는 y_1=sin$x$의 접선
●는 대응하는 접선의
기울기 값

$y_2 = y_1' = \cos x$

/ 는 y_2=cos$x$의 접선
●는 대응하는 접선의
기울기 값

$y_3 = y_2' = -\sin x$

다음으로 tan$x$와 도함수 그래프를 그려보았다.

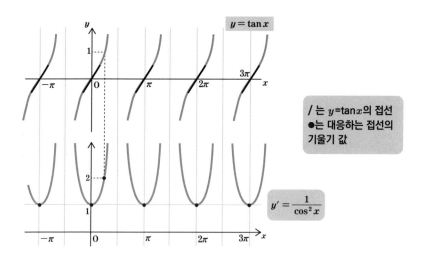

$y = \tan x$

/ 는 y=tan$x$의 접선
●는 대응하는 접선의
기울기 값

$y' = \dfrac{1}{\cos^2 x}$

다음으로 삼각 함수의 원시함수를 나타내 보겠다. 원시함수를 미분하면 원래 함수로 돌아간다는 사실을 확인하자.

$$\int \sin x dx = -\cos x + C$$

$$\int \cos x dx = \sin x + C$$

$$\int \tan x dx = -\log_e|\cos x| + C$$

함수의 증감

함수를 실제 세계에 적용하는 경우, 최댓값과 최솟값은 큰 의미를 가지는 경우가 많다.

예를 들어 어떤 가게의 상품 가격과 이익의 함수가 있다면, 이익이 최대가 되는 가격을 당연히 알고 싶을 것이다. 또한 자동차의 주행 속도와 연비의 관계가 있다면, 연비가 최소가 되는 속도를 당연히 알고 싶을 것이다.

이처럼 함숫값의 최댓값이나 최솟값 문제는 현실 세계에서 자주 등장하는데, 이 값을 구할 때도 미분이 활약한다.

반복해서 설명했듯이, 함수 $y=f(x)$의 도함수 $f'(x)$는 $y=f(x)$의 그래프의 기울기를 나타낸다. 따라서 $f'(x)>0$, 즉 기울기가 양이라면 그 점에서 함수 $y=f(x)$는 증가 중이라는 것을 나타내고, $f'(x)<0$ 즉 기울기가 음이라면 그 점에서 $y=f(x)$는 감소한다는 사실을 알 수 있다.

여기서 $f'(x)$가 양에서 음, 혹은 음에서 양으로 변하는 지점은 다음과 같다. 함숫값이 증가에서 감수로 전환하는 점은 극대, 감소에서 증가로 전환하는 점은 극소라고 부른다.

즉, $f'(x)=0$이 되는 점은 최솟값이나 최댓값의 후보가 되는 것이다.

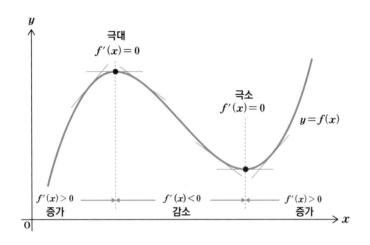

또한 함수의 변화에서 위로 볼록한 모양인지, 아래로 볼록한 모양인지도 중요하다.

똑같은 증가나 감소인데도 위로 볼록한 모양인 경우와 아래로 볼록한 모양인 경우는 크게 다르다는 사실을 알 수 있다. 위로 볼록한 경우는 증가하긴 하지만 기세가 서서히 멈추려는 경향이 보이고, 감소할 때는 가속을 하면서 점점 감소하는 모양이 나온다. 반면에 아래로 볼록한 모양을 보면 증가할 때는 가속하면서 증가하고, 감소할 때는 서서히 기세를 멈추려는 경향이 보인다.

위로 볼록인지, 아래로 볼록인지는 두 번 미분하는 $f''(x)$의 부호에 따라 정해진다. $f''(x)>0$의 구간에서는 아래로 볼록, $f''(x)<0$의 구간에서는 위로 볼록한 모양이 된다.

	$f'(x) > 0$ 증가↑	$f'(x) < 0$ 감소↓
$f''(x) > 0$ 아래로 볼록		
$f''(x) < 0$ 위로 볼록		

여기서 다음과 같이 $f(x)=x^3-3x$라는 함수의 그래프가 있다고 가정하면, 증감표를 그려서 함수의 변화를 더 자세히 해석할 수 있다.

$$f(x)=x^3-3x\text{일 때} \quad \begin{cases} f'(x)=3x^2-3=3(x+1)(x-1) \\ f''(x)=6x \end{cases}$$

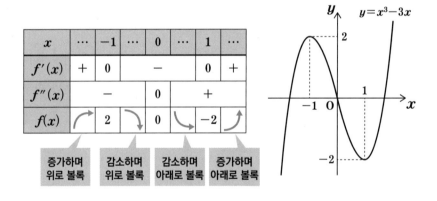

x	$\cdots$	-1	$\cdots$	0	$\cdots$	1	$\cdots$
$f'(x)$	$+$	0	$-$			0	$+$
$f''(x)$		$-$		0	$+$		
$f(x)$	⌒	2	⌢	0	⌣	-2	⌝

증가하며 위로 볼록   감소하며 위로 볼록   감소하며 아래로 볼록   증가하며 아래로 볼록

이처럼 도함수는 함수의 최댓값·최솟값이나 그래프의 모양을 이해할 때 많은 정보를 준다.

여러 가지 미적분 테크닉

앞에서 설명했듯이 함수 $f(x)$ (도함수는 $f'(x)$)와 함수 $g(x)$ (도함수는 $g'(x)$)가 있을 때, 함수 $f(x)+g(x)$의 도함수는 단순히 $f'(x)+g'(x)$로 나타낸다.

반면, 함수의 곱인 $f(x)g(x)$의 도함수는 단순히 $f'(x)g'(x)$가 되지 않고 아래와 같이 주어진다. 이것이 곱의 미분 공식이다.

$$\{f(x)g(x)\}' = f'(x)g(x) + f(x)g'(x)$$

아래에 이 곱의 미분 공식을 사용한 예를 보고 감을 잡기 바란다.

예 1 $y = x^6 = x^4 \cdot x^2$ 의 미분

$f(x) = x^4$ $g(x) = x^2$ 라고 하면, $f'(x) = 4x^3$ $g'(x) = 2x$ 이므로

$$\begin{aligned}\{f(x) \cdot g(x)\}' &= f'(x) \cdot g(x) + f(x) \cdot g'(x) \\ &= 4x^5 + 2x^5 = 6x^5\end{aligned}$$

예 2 $e^x \sin x$ 의 미분

$f(x) = e^x$ $g(x) = \sin x$ 라고 하면, $f'(x) = e^x$ $g'(x) = \cos x$ 이므로

$$\begin{aligned}\{f(x) \cdot g(x)\}' &= f'(x) \cdot g(x) + f(x) \cdot g'(x) \\ &= e^x \sin x + e^x \cos x\end{aligned}$$

[예1]에서는 공식$(x^n)' = nx^{n-1}$이 적용되었다.

다음으로 원시함수 구하는 법, 즉 부정적분 구하는 방법을 설명하겠다.

함수 $f(x)$ (원시함수는 $F(x)$)와 함수 $g(x)$ (원시함수는 $G(x)$)가 있을 때, 함수 $f(x) + g(x)$의 원시함수는 단순히 $F(x) + G(x)$로 나타낸다. 반면, 곱의 함수 $f(x)g(x)$의 부정적분은 단순하게 $F(x)G(x)$가 되지 않는다.

그런 곱의 함수 $f(x)g(x)$의 원시함수를 구할 때 사용하는 방법이 부분적분이다. 부분적분은 곱의 미분 공식에서 양변을 적분하여 얻을 수 있다. 즉, 부분적분은 곱의 미분 공식을 거꾸로 사용한 것이라고 할 수 있다.

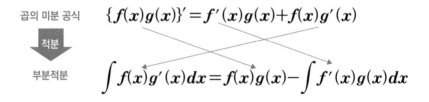

$$\text{곱의 미분 공식} \quad \{f(x)g(x)\}' = f'(x)g(x) + f(x)g'(x)$$

$$\text{적분} \Downarrow$$

$$\text{부분적분} \quad \int f(x)g'(x)\,dx = f(x)g(x) - \int f'(x)g(x)\,dx$$

이 공식을 적용한 예를 들어 보겠다. 예컨대 $x\sin x$라는 함수를 적분할 때는 다음과 같다.

$f(x) = x$, $g(x) = -\cos x$ 라고 하면, $f(x)g'(x) = x\sin x$ 가 되니까 공식에서

$$\int x\sin x\,dx = x(-\cos x) - \int (x)'(-\cos x)\,dx$$

$$= -x\cos x + \int \cos x\,dx$$

$$= -x\cos x + \sin x + C \quad (C는\ 적분상수)$$

이때 $f'(x)g(x)$ 는 $-\cos x$ 로, 간단히 적분할 수 있는 형태를 만드는 것이 중요하다. 여기서 $f(x)$ 와 $g'(x)$ 를 거꾸로 해서 $f(x)=\sin x$, $g(x)=\dfrac{1}{2}x^2$ 로 두면, $f'(x)g(x)$ 가 $\dfrac{1}{2}x^2\cos x$ 가 되어 최초 식보다 형태가 복잡해지기 때문에 간단히 적분할 수 없다.

다음으로 합성함수의 미분이다. $y=f(u)$, $u=g(x)$ 라는 함수에 대해 합성함수 $f(g(x))$ 를 생각했을 때, 이 함수를 미분하면 다음과 같다.

$$\{f(g(x))\}' = f'(g(x))g'(x)$$

이것만 봐서는 뭘 하고 싶은 건지 모를 수도 있다. 이 합성함수의 미분 공식은 예를 들어 $\sin(e^x)$ 와 같은 함수를 미분할 때 사용된다. 이때는 $f(x)=\sin x$, $g(x)=e^x$ 가 되는 셈이다. 이것을 미분하면 다음과 같다.

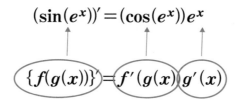

이 합성함수의 미분을 반대로 사용하면, 치환적분법을 얻을 수 있다. 다시 말해 합성함수의 미분 결과인 $f'(g(x))g'(x)$ 모양의 함수를 적분하면, $f(g(x))$가 된다는 것이다.

치환적분법은 아래와 같이 나타낸다. $t = g(x)$로 두고, x에서 t로 변수 변환을 한다. 어려워 보이지만, 합성함수의 미분을 반대로 사용했다는 사실을 확실히 인식해 두면 읽어낼 수 있을 것이다.

$$\int f'(g(x)) \cdot g'(x)dx = \int f'(t)dt$$

$$\left(\frac{dt}{dx} = g'(x) \quad \rightarrow \quad dt = g'(x)dx \right)$$

예를 들어 설명하겠다. 함수 $y = 2x(x^2+1)^3$의 부정적분을 어떻게 구하는지 생각해 보자.

먼저 합성함수의 미분 형태 $f'(g(x))g'(x)$ 모양을 찾는 것이 중요하다.

여기서는 $g(x) = x^2+1$로 두면 $g'(x) = 2x$가 된다.

따라서 $2x(x^2+1)^3 = (g(x))^3 g'(x)$로 나타낸다. 여기서 $f'(t) = t^3$으로

두면, $y = 2x(x^2+1)^3 = f'(g(x))g'(x)$로 나타낼 수 있는 것이다.

이 사실을 눈치챘다면 아래와 같이 치환적분을 사용해서 부정적분을 구할 수 있다.

$$
\begin{aligned}
\int 2x(x^2+1)^3\,dx &= \int f'(g(x)) \cdot g'(x)\,dx \\
&= \int f'(t)\,dt \qquad (g(x)=x^2+1 \quad f'(t)=t^3\text{로 둔다}) \\
&= \int t^3\,dt \qquad \text{(치환적분 공식에서)} \\
&= \frac{t^4}{4} + C \qquad (C\text{는 적분상수}) \\
&= \frac{(x^2+1)^4}{4} + C \qquad (t=g(x)=x^2+1\text{에서 변수를 } x\text{로 되돌린다})
\end{aligned}
$$

$$\int f'(g(x)) \cdot g'(x)\,dx = \int f'(t)\,dt$$

이 방법에서는 $g(x)$와 $f'(t)$를 어떻게 정의 내릴지가 가장 어렵다. 하지만 솔직히 말해서 이건 익숙해질 수밖에 없다. 따라서 치환적분은 경험과 감각이 중요해지는 방법이기도 하다.

적분에는 이렇게 퍼즐 같은 요소가 있어서 그런지 수식 적분하기를 취미 삼아 즐기는 사람들도 있는 모양이다.

그러나 실제로는 이렇게 기술을 써서 원시함수를 얻을 수 있는 수식은 극히 일부이고, 대부분의 원시함수는 수식 형태로 얻을 수 없다. 따라서 수학을 응용한다는 관점에서는 적분의 근삿값을 얼마나 빠르고 정확하게 얻을 수 있는가가 과제일 것이다.

적분으로
부피나 곡선의 길이를 구할 수 있다

이 책에서는 '적분은 넓이를 구하는 계산'이라고 반복해서 설명했다. 하지만 사실 적분으로 구할 수 있는 것은 넓이뿐만이 아니다. 넓이는 물론, 부피나 곡선의 길이도 구할 수 있다. 여기서는 그러한 양을 적분으로 계산하는 방법을 설명하겠다.

구하는 대상은 다르지만, 구하는 대상을 계산할 수 있는 요소(직사각형, 원기둥, 직선) 등으로 분할하고, 분할 수가 무한대가 되는 극한을 구한다는 순서는 변하지 않는다.

부피나 곡선을 구하는 계산을 하는 중에 이 패턴에 익숙해지면 부피에 대한 이해도가 깊어질 것이다.

먼저 부피를 계산해 보자.

처음에는 다음 그림과 같이 원기둥의 부피라면 간단히 구할 수 있을 것이다. '밑넓이×높이'를 계산하면 된다. 이렇게 하면 부피를 정확하게 구할 수 있다.

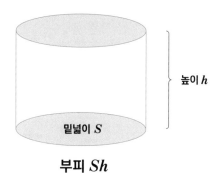

높이 h

밑넓이 S

부피 Sh

하지만 아래와 같은 도형은 어떨까? 이 부피는 간단히 계산할 수 있을 것 같지 않다. 여기서 '엄청난 곱셈'인 적분이 등장할 차례다.

부피?

이 입체도형의 부피를 계산할 수 있도록 원기둥으로 분해하자. 그러면 원기둥 하나하나는 '밑넓이×높이'로 부피를 구할 수 있다. 그것들을 더해서 합치면 구하고 싶은 입체도형의 부피에 가까운 값을 구할 수 있다.

물론 엄밀히 따지면 오차가 없을 수는 없다. 그러나 그 원기둥을 잘게 나누는 극한을 생각하면 구하고 싶은 입체도형의 부피가 된다.

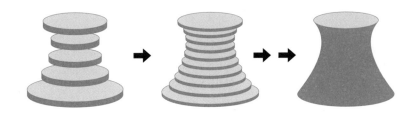

이것은 곡선으로 둘러싸인 넓이를 직사각형으로 잘게 나눠서 구한 것과 비슷하다는 것을 이해할 수 있을 것이다.

일반적으로는 어떤 입체도형의 단면적을 $S(x)$로 두면, 이 입체도형의 부피는 다음 식으로 구할 수 있다. 여기서는 입체도형을 x축에 대해 수직으로 자른 단면적으로 정의한다.

$$V = \int_a^b S(x)dx$$

예로 다음 그림과 같은 원뿔의 부피를 구해 보자.

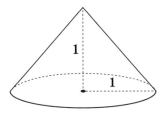

이 원뿔은 x-y평면 위에서 $y=x(0 \leq x \leq 1)$의 직선을 x축을 중심으로 회전시킨 입체도형이라고 생각할 수 있다. 따라서 원뿔의 밑면적인 단면적 $S(x)$는 πx^2이 된다. 이것을 적분하면 아래와 같이 부피를 구할 수 있다.

$$V = \int_0^1 \pi x^2 \, dx$$

$$= \left[\frac{\pi}{3} x^3 \right]_0^1$$

$$= \left(\frac{\pi}{3} - 0 \right) = \frac{\pi}{3}$$

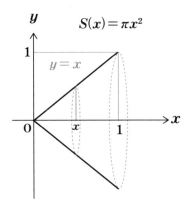

다음으로 곡선의 길이 구하는 방법을 설명하겠다.

예를 들어 아래와 같은 직선이라면 피타고라스의 정리를 사용해서 정확하게 길이를 계산할 수 있다.

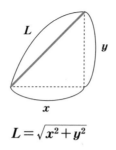

$$L = \sqrt{x^2 + y^2}$$

하지만 이러한 곡선의 경우는 간단하게 길이를 구할 수 없다.

길이?

여기서 이 곡선을 직선으로 분할해 보겠다. 예를 들어 3분할, 6분할로 분할 수를 점점 늘려 가면, 실제 곡선의 길이에 점점 가까워진다. 그리고 <u>분할 수를 무한대로 하는 극한에서는 실제 곡선의 길이에 가까워진다.</u>

곡선을 3분할   곡선을 6분할   구하고 싶은
                                            곡선의 길이

여기까지는 넓이나 부피를 구할 때와 똑같은 방식이다. 하지만 곡선의 길이는 이제부터 살짝 복잡해진다.

직선의 길이를 구하는 적분식은 $\sqrt{(dx)^2+(dy)^2}$가 된다. 그러나 이 상태에서는 적분할 수 없다. 따라서 아래와 같이 $f(x)dx$ 형태로 변형해서 적분을 가능케 만든다.

$$L=\int_a^b\sqrt{(dx)^2+(dy)^2}=\int_a^b\sqrt{1+\left(\frac{dy}{dx}\right)^2}\,dx$$

또한 구하는 곡선의 좌표를 $(x(t),\ y(t))$와 같이 매개 변수라 불리는 변수 t를 이용해서 나타내는 경우, 아래와 같이 계산할 수도 있다.

$$L=\int_a^b\sqrt{(dx)^2+(dy)^2}=\int_\alpha^\beta\sqrt{\left(\frac{dx}{dt}\right)^2+\left(\frac{dy}{dt}\right)^2}\,dt$$

매개 변수를 사용하지 않는 경우, $y=f(x)$의 그래프에서 $a\le x\le b$일 때의 곡선 길이 L은 다음과 같이 구할 수 있다.

$$L=\int_a^b\sqrt{1+\{f'(x)\}^2}\,dx$$

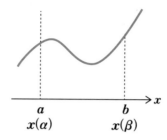

예로 아래와 같은 함수로 나타낼 수 있는 곡선의 길이를 어떻게 구하는지 알아보자.

함수 $y=f(x)=\dfrac{x^3}{3}+\dfrac{1}{4x}$, $1\leq x\leq 2$일 때 곡선의 길이

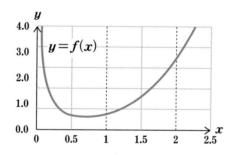

이때 $y=f'(x)=x^2-\dfrac{1}{4x^2}$이 되므로

$$L = \int_1^2 \sqrt{1 + \left(x^2 - \frac{1}{4x^2}\right)^2}\, dx$$

$$= \int_1^2 \sqrt{\left(x^2 + \frac{1}{4x^2}\right)^2}\, dx$$

$$= \int_1^2 \left(x^2 + \frac{1}{4x^2}\right)^2 dx$$

$$= \left[\frac{x^3}{3} - \frac{1}{4x}\right]_1^2 = \frac{59}{24}$$

이 예제에서는 정확하게 적분해서 계산할 수 있지만, 일반적인 함수에서는 이 계산이 정확하게 되는 경우가 거의 없다.

미적분, 놀라운 일상의 공식

펴낸날 2024년 9월 20일 1판 1쇄

지은이 구라모토 다카후미
옮긴이 김소영
펴낸이 김영선
편집주간 이교숙
책임교정 나지원
교정·교열 정아영, 이라야
경영지원 최은정
디자인 박유진·현애정
마케팅 신용천

펴낸곳 미디어숲
주소 경기도 고양시 덕양구 청초로66 덕은리버워크 B동 2007~2009호
전화 (02) 323-7234
팩스 (02) 323-0253
홈페이지 www.mfbook.co.kr
출판등록번호 제 2-2767호

값 22,000원
ISBN 979-11-5874-230-0(03410)

(주)다빈치하우스와 함께 새로운 문화를 선도할 참신한 원고를 기다립니다.
이메일 dhhard@naver.com (원고투고)